高等职业教育电类专业规划教材——电气自动化系列

电工基础及技能训练

吉跃仁　主　编

刘　军　副主编

清华大学出版社
北京

内 容 简 介

本书将电工基础及技能训练内容整合成电路的基本概念，电路的等效变换，网络方程分析法，正弦交流电路，功率因数、谐振和互感，三相交流电路，变压器，电动机 8 个模块，配有习题和测验题。本书将教学与考工有机结合，将实验、实训整合成 12 个实践性项目分布于各模块，采用项目化教学。本书提供教学课件、习题解答和过程性考核实施方案。

本书既可作为高职高专院校工科各专业电工技术及应用课程的教材，也可作为培训机构开展各类考工的基础教材。可根据不同生源和专业适当取舍内容。

图书在版编目(CIP)数据

电工基础及技能训练/吉跃仁主编.--北京：清华大学出版社，2016(2023.9重印)

高等职业教育电类专业规划教材.电气自动化系列

ISBN 978-7-302-41971-6

Ⅰ.①电… Ⅱ.①吉… Ⅲ.①电工学－高等职业教育－教学参考资料 Ⅳ.①TM1

中国版本图书馆 CIP 数据核字(2015)第 263126 号

责任编辑：刘翰鹏
封面设计：傅瑞学
责任校对：刘　静
责任印制：沈　露

出版发行：清华大学出版社
   网   址：http://www.tup.com.cn，http://www.wqbook.com
   地   址：北京清华大学学研大厦 A 座   邮 编：100084
   社 总 机：010-83470000   邮 购：010-62786544
   投稿与读者服务：010-62776969，c-service@tup.tsinghua.edu.cn
   质量反馈：010-62772015，zhiliang@tup.tsinghua.edu.cn
   课件下载：http://www.tup.com.cn，010-83470410
印 装 者：三河市龙大印装有限公司
经 销：全国新华书店
开 本：185mm×260mm 印 张：12.25 字 数：278 千字
版 次：2016 年 6 月第 1 版 印 次：2023 年 9 月第 5 次印刷
定 价：39.00 元

产品编号：065784-02

电工技术及应用课程是高职高专工科专业的一门技术基础课。它的任务是使学生通过本课程的学习,获得电工技术必要的基本理论、基本知识、基本技能,了解电工技术的应用和发展,为学习后续相关课程以及从事与专业有关的工程技术工作打下一定的基础。

目前市面上同类教材数目、品种繁多,以理论教学为主,理论性强,覆盖面广,教学基础要求高。而同类高职高专教材,多是从本科教材搬过来的,在实际教学中,一般只能选讲其中的一部分,理论教学与实践训练不配套,不能满足高职高专学生现代化、技能化、职业化的要求,实用性差。

本书根据高职高专院校学生培养目标而编写,结合了高职高专教学改革和课程改革的要求,切合了高职高专的办学特色,坚持理论以"必需、够用"为度,强化实践技能训练,以提高学生动手能力,使其能够取得中级工证书,到企业能够立即顶岗。

随着高等教育大众化进程的推进及应用型本科的诞生,高职高专招生降低了入学要求,采取了统一招生、注册招生和对口单招等多种形式,所招的学生既有理科生、文科生,也有体育生和艺术生,他们的数学与物理基础较薄弱。本书正是根据生源变化的情况而编写,适合于分层次、理实一体化、模块化、项目化教学和过程性考核。考核时可取消纯理论的期末闭卷考试,主要从学习过程进行考核。

本书以电工基础及技能训练的教学任务为驱动,力求从实际应用的需要(实例)出发,尽量减少枯燥、实用性不强的理论和概念的介绍,把复杂难学的内容提炼成简单易学的实用方法。本书删减了与高等数学密切相关的内容,将电工技术及技能训练内容整合成电路的基本概念,电路的等效变换,网络方程分析法,正弦交流电路,功率因数、谐振和互感,三相交流电路,变压器,电动机 8 大模块,配有习题和测验题,将理论教学与考工内容相结合。同时将实验、实训整合成 12 个实践性项目,采用项目式结构编写,力求具有典型性和可操作性。本书可采用"课堂与实验、实训地点合一,教、学、做一体化"的教学模式,内容既有一般的教学任务,又有带星号的提高部分。

本书内容深入浅出、文字简练、通俗易懂、实用性与可操作性强,教学起点低,既有利于教,又有利于学。本书可作为高职高专院校工科各专业电工技术及应用课程的教材,可以根据不同的生源和专业选学其内容,"*"的内容系较高层次的要求。本书也可以作为各类培训机构开展考工培训的基础教材。本书提供教学课件、习题解答和过程性考核实施方案,其他辅助材料可浏览个人教学空间,网址:http://www.worlduc.com/SpaceShow/index.aspx? uid=966610。

　　本书由吉跃仁副教授担任主编,刘军副教授担任副主编,参加编写的还有孙莉。刘军编写了模块1、模块2,孙莉编写了模块7、模块8,吉跃仁编写了其余模块与实践项目并负责全书的统稿。

　　由于时间仓促,加之编者水平所限,书中难免有不当之处,恳请各位读者批评指正。

编　者

2016 年 2 月

模块 1　电路的基本概念 ……………………………………………… 1

　1.1　电路及电路模型 ………………………………………………… 1
　　　1.1.1　电路 ………………………………………………………… 1
　　　1.1.2　电路模型 …………………………………………………… 2
　1.2　电路的主要物理量 ……………………………………………… 3
　　　1.2.1　电流 ………………………………………………………… 3
　　　1.2.2　电压、电位和电动势 ……………………………………… 3
　　　1.2.3　电源 ………………………………………………………… 5
　　　1.2.4　电能和电功率 ……………………………………………… 6
　1.3　电路的工作状态 ………………………………………………… 7
　　　1.3.1　电气设备的额定值 ………………………………………… 7
　　　1.3.2　负载状态 …………………………………………………… 7
　　　1.3.3　开路状态 …………………………………………………… 8
　　　1.3.4　短路状态 …………………………………………………… 8
　1.4　实践项目 1:电位、电动势和内电阻的测量 …………………… 9
　习题 1 ………………………………………………………………… 10
　测验 1 ………………………………………………………………… 11

模块 2　电路的等效变换 ……………………………………………… 12

　2.1　等效变换的概念 ………………………………………………… 12
　2.2　电阻的串、并和混联及其等效电阻 …………………………… 13
　　　2.2.1　电阻的串联 ………………………………………………… 13
　　　2.2.2　电阻的并联 ………………………………………………… 14
　　　2.2.3　电阻的混联 ………………………………………………… 15
　　　2.2.4　电路中的等电位点 ………………………………………… 15
 *2.3　电阻的星形与三角形联接及其等效变换 …………………… 15
　　　2.3.1　电阻的星形、三角形联接 ………………………………… 15
　　　2.3.2　星形与三角形联接的等效变换 …………………………… 16
　2.4　电源模型的等效变换 …………………………………………… 18
 *2.5　受控源及含受控源电路的等效变换 ………………………… 20
　　　2.5.1　受控源 ……………………………………………………… 20

*2.5.2　含受控源电路的等效变换 ················· 21

2.6　叠加定理与替代定理 ································· 24

2.6.1　叠加定理 ·· 24

*2.6.2　替代定理 ·· 24

2.7　戴维宁定理与诺顿定理 ····························· 29

2.7.1　戴维宁定理 ······································ 29

*2.7.2　诺顿定理 ·· 33

2.7.3　最大功率传输定理 ································ 34

2.8　实践项目2:电阻的测量 ····························· 35

2.9　实践项目3:验证叠加定理 ··························· 36

习题2 ·· 37

测验2 ·· 41

模块3　网络方程分析法 ······································ 44

3.1　基尔霍夫定律 ·· 44

3.1.1　基尔霍夫电流定律(KCL) ······················ 44

3.1.2　基尔霍夫电压定律(KVL) ······················ 45

3.2　支路电流法 ·· 46

3.3　2b方程法 ·· 49

*3.4　节点分析法 ·· 49

3.4.1　节点电压方程式的一般形式 ······················ 49

3.4.2　含有理想电压源支路的处理方法 ·················· 52

3.4.3　含受控源电路的分析 ···························· 53

*3.5　网孔电流法 ·· 54

3.5.1　网孔电流方程的一般形式 ························ 55

3.5.2　含有理想电流源支路的网孔电流法 ················ 57

3.5.3　含受控源电路的网孔电流法 ······················ 58

*3.6　回路分析法 ·· 58

3.7　实践项目4:验证KCL和KVL ······················ 59

习题3 ·· 60

测验3 ·· 62

模块4　正弦交流电路 ·· 65

4.1　正弦交流电的基本概念 ······························ 65

4.2　正弦量的相量表示法 ································· 69

4.3　单一参数正弦交流电路 ······························ 71

4.4　正弦交流电路的分析 ································· 76

4.4.1　RLC串联电路 ···································· 76

4.4.2 RLC 并联电路 ………………………………… 79

4.4.3 正弦交流电路的分析方法 ………………………… 79

4.5 实践项目 5：L、C 的频率特性测定 ……………………… 87

习题 4 ……………………………………………………… 89

测验 4 ……………………………………………………… 91

模块 5 功率因数、谐振和互感 …………………………… 95

5.1 功率因数的提高 …………………………………… 95

5.2 电路的谐振与端口测试 ……………………………… 97

5.2.1 串联谐振 ……………………………………… 97

5.2.2 并联谐振 …………………………………… 101

5.2.3 无源单口网络的端口测试 ………………………… 102

5.3 互感及互感电压 …………………………………… 104

5.3.1 互感电压 …………………………………… 104

5.3.2 互感系数及耦合系数 ……………………………… 105

5.3.3 互感线圈的同名端 ……………………………… 105

5.3.4 互感电压与电流的关系 …………………………… 107

*5.4 含互感的正弦交流电路分析 …………………………… 108

5.4.1 含互感的电感元件上的电压电流关系 ……………… 108

5.4.2 含有互感线圈电路的分析计算 …………………… 110

5.5 实践项目 6：RLC 串联谐振 …………………………… 112

5.6 实践项目 7：荧光灯参数测量及功率因数的提高 ………… 113

习题 5 …………………………………………………… 115

测验 5 …………………………………………………… 116

模块 6 三相交流电路 ………………………………… 119

6.1 对称三相交流电源 ………………………………… 120

6.2 三相负载的联接 …………………………………… 122

6.3 三相电路的功率 …………………………………… 126

6.4 实践项目 8：星形负载三相电路的测量 ………………… 130

6.5 实践项目 9：星形负载的功率测定 …………………… 131

习题 6 …………………………………………………… 132

测验 6 …………………………………………………… 133

模块 7 变压器 ………………………………………… 136

7.1 磁场的基本概念和定律 ……………………………… 136

7.1.1 磁场的基本物理量 ……………………………… 136

7.1.2 铁磁材料的磁性能 ……………………………… 137

　　　　7.1.3　磁路 ……………………………………………… 138

　　　　7.1.4　磁场的基本定律 …………………………………… 139

　　7.2　变压器的基本结构和分类 …………………………………… 141

　　7.3　变压器的工作原理和作用 …………………………………… 142

　　　　7.3.1　变压器的工作原理 ………………………………… 142

　　　　7.3.2　电压变换 …………………………………………… 142

　　　　7.3.3　电流变换 …………………………………………… 143

　　　　7.3.4　阻抗变换 …………………………………………… 143

　　7.4　特殊变压器 ……………………………………………………… 144

　　7.5　三相变压器 ……………………………………………………… 146

　　7.6　实践项目10：小型变压器特性测试 ………………………… 148

　　习题7 …………………………………………………………………… 149

　　测验7 …………………………………………………………………… 149

模块8　电动机 ………………………………………………………… 151

　　8.1　三相异步电动机的结构及转动原理 ………………………… 151

　　8.2　三相异步电动机的电磁转矩和机械特性 …………………… 154

　　8.3　三相异步电动机的运行与控制 ……………………………… 156

　　8.4　三相异步电动机的选择与使用 ……………………………… 159

　　8.5　单相异步电动机 ……………………………………………… 160

　　8.6　直流电动机 …………………………………………………… 162

　　　　8.6.1　直流电动机的结构及分类 ………………………… 162

　　　　8.6.2　直流电动机的工作原理和机械特性 ……………… 163

　　　　8.6.3　直流电动机的运行与控制 ………………………… 164

　　8.7　实践项目11：三相异步电动机的控制 ……………………… 165

　　8.8　实践项目12：两室两厅照明电路设计及安装 ……………… 171

　　习题8 …………………………………………………………………… 176

　　测验8 …………………………………………………………………… 177

附录　习题与测验参考答案 ………………………………………… 180

参考文献 ……………………………………………………………… 185

电路的基本概念

学习目标

(1) 理解电路模型及理想电路元件的伏安关系；

(2) 了解电路的组成及作用；

(3) 理解电流、电压和电源电动势的概念及参考方向的意义；

(4) 掌握电功率的概念及其计算方法；

(5) 了解电器设备额定值的意义和电路负载、开路和短路状态的特点；

(6) 理解电位的概念，会分析计算电路中各点的电位；

(7) 能使用万用表测量电流、电压和电阻。

电工技术在现代社会中的应用已占据了相当重要的地位。在各种电气、电子设备中，主要的设备都是由各种不同的电路组成的。因此，掌握电路的分析方法是制造、设计电路和进行各种研究的基础，掌握电路的基本概念是电路分析的前提。

1.1　电路及电路模型

1.1.1　电路

电路是各种电器设备按一定方式连接起来的整体，它提供了电流流通的路径。电路是由电源、负载和中间环节三个部分组成的。

电路的一个作用是实现电力的传输、分配和转换。如在电力系统电路中，发电机是电源，是供应电能的设备，在发电厂内可把热能、水能或核能转换为电能；变压器、输电线和配电设备是中间环节，是连接电源和负载的部分，它们起传输和分配电能的作用；电动机、电炉、电灯等是负载，是取用电能的设备,它们分别把电能转换为机械能、热能、光能等。

电路的另一个作用是实现信号的传递和处理。如在扩音机电路中,先由话筒把语音或音乐转换为相应的电压和电流,即电信号,再通过放大器放大后传递到喇叭,把电信号还原为语音或音乐。信号的这种转换和放大称为信号的处理。如图 1-1 所示为电路示意图。

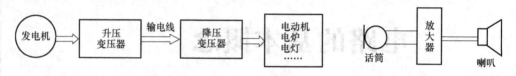

图 1-1　电路示意图

由此可见,电路按其功能可分为两类:一类是为了实现能量的传输和转换,这类电路称为电力电路,对于电力电路,一般要求在传输和转换过程中尽可能地减少能量损耗以提高效率;另一类是为了实现信号的传递和处理,称为信号电路。对于信号电路,虽然也存在着能量的传输和转换,但其量很小,所关心的是信号传递的质量,如要求不失真、准确、灵敏、快速等。

1.1.2　电路模型

实际的电路器件在工作时的电磁性质是比较复杂的,不是单一的。因此,为了便于研究电路的特性和功能,必须进行科学的抽象,用一些模型来代替实际元件,这种模型称为电路模型。构成电路模型的元件称为理想电路元件。

理想电路元件分为两类:一类是有实际的元件对应,如电阻器、电感器、电容器、电压源、电流源等;另一类是没有直接与它相对应的实际元件,但是它们的某种组合却能反映出实际电器元件或设备的主要特性和外部功能,如受控源等。下面要研究的电路均指模型电路。

如图 1-2(a)所示为一个实际的简单电路。它由电源(干电池)、连接导线、负载(灯泡)、开关四部分组成。电源产生电能,连接导线传输电能,负载转换电能。为了便于分析电路,一般要将实际电路模型化,用足以反映其电磁性质的理想电路元件或其组合来模拟实际电路中的器件,从而构成与实际电路相对应的电路模型,简称电路图,如图 1-2(b)所示。在电路图中,各种电路元件都用规定的图形符号表示,电路图只反映各理想电路元件在电路中的作用及其相互连接方式,并不反映实际设备的内部结构、几何形状及相互位置。

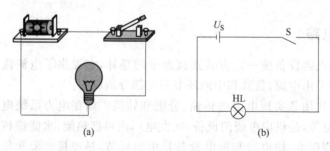

(a)　　　　　　　　　　(b)

图 1-2　简单电路及其电路图

1.2 电路的主要物理量

1.2.1 电流

电荷的定向移动形成电流。电流大小用单位时间内通过导体截面的电量来表示。一般用大写 I 表示直流电流,小写 i 表示交流电流。

$$i = \frac{dq}{dt} \tag{1-1}$$

当电流的大小和方向不随时间变化时称为直流电流,此时公式(1-1)可以用式(1-2)表示,即

$$I = \frac{q}{t} \tag{1-2}$$

电流方向:习惯上规定正电荷运动的方向为电流的方向;电流的方向用箭头或双下标变量表示。

当某段电路中电流的方向难以判断时,先任意假设电流的方向进行分析,该方向称为电流的参考方向。如果求出的电流值为正,说明参考方向与实际方向一致,否则说明参考方向与实际方向相反。电流参考方向与实际方向的关系如图 1-3 所示。

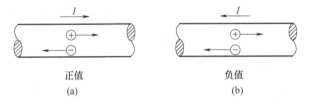

图 1-3　电流参考方向与实际方向的关系

电流的法定计量单位是安培,简称安(A)。

$$1kA = 10^3 A, \quad 1mA = 10^{-3} A, \quad 1\mu A = 10^{-3} mA = 10^{-6} A$$

1.2.2 电压、电位和电动势

1. 电压

电压又称电位差,电路中 a、b 两点间的电压定义为单位正电荷由 a 点移至 b 点电场力所做的功。

$$u = \frac{dW}{dq} \tag{1-3}$$

电压的单位为伏特(V),简称伏(V)。

$$1kV = 10^3 V, \quad 1mV = 10^{-3} V, \quad 1\mu V = 10^{-3} mV = 10^{-6} V$$

2. 电位

电路中某点的电位定义为单位正电荷由该点移至参考点电场力所做的功。电路中

a、b 两点间的电压等于 a、b 两点的电位差。

$$U_{ab} = U_a - U_b \tag{1-4}$$

电压的实际方向规定由电位高处指向电位低处。与电流方向的处理方法类似,可任选一个方向为电压的参考方向。对一个元件,电流参考方向和电压参考方向可以相互独立地任意确定,但为了方便,常常将其取为一致,称关联方向;如不一致,称非关联方向,如图 1-4 所示。

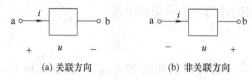

(a) 关联方向 　　　　(b) 非关联方向

图 1-4　关联方向与非关联方向

如采用关联方向,在表示时标出一种即可;如采用非关联方向,则必须全部标出。

3. 电位的计算

电路中的某一点到参考点之间的电压,也称为该点的电位。电路中选定的参考点虽然一般并不与大地相连接,往往也称为"地"。在电路图中,参考点用符号"⊥"表示,如图 1-5 所示。

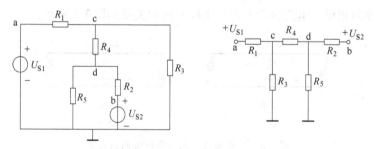

图 1-5　实际电路图

例 1-1　求图 1-6 中 cd 两点间的电压。

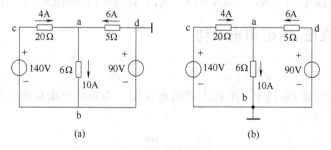

(a) 　　　　　　　　(b)

图 1-6　例 1-1 图

解:

(1) 选 d 点为参考点,如图 1-6(a)所示。

$$U_a = U_{ad} = -6 \times 5 = -30(\text{V})$$

$$U_b = U_{bd} = -90(\text{V})$$

$$U_c = U_{cb} + U_{bd} = 140 - 90 = 50(\text{V})$$

$$U_{cd} = U_c - U_d = U_c = 50(\text{V})$$

（2）选 b 点为参考点，如图 1-6（b）所示。

$$U_a = U_{ab} = 10 \times 6 = 60(\text{V})$$

$$U_c = U_{cb} = 140(\text{V})$$

$$U_d = U_{db} = 90(\text{A})$$

$$U_{cd} = U_c - U_d = 140 - 90 = 50(\text{V})$$

4. 电动势

电动势是衡量外力即非静电力做功能力的物理量。外力克服电场力把单位正电荷从电源的负极搬运到正极所做的功，称为电源的电动势。

$$e = \frac{\mathrm{d}W}{\mathrm{d}q} \tag{1-5}$$

电动势的方向规定为：在电源内部由低电位指向高电位，是电位升高的方向。

1.2.3 电源

1. 理想电压源

理想电压源的端电压为 U_S，与流过电压源的电流无关，由电源本身确定；电流任意，由外电路确定。$U = U_S$，特性曲线与符号如图 1-7 所示。

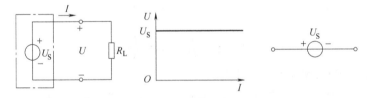

图 1-7 理想电压源特性曲线与符号

2. 理想电流源

理想电流源内流过的电流为 I_S，与电源两端电压无关，由电源本身确定；电压任意，由外电路确定。$I = I_S$，特性曲线与符号如图 1-8 所示。

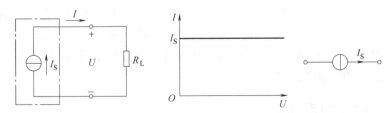

图 1-8 理想电流源特性曲线与符号

3. 实际电源的两种电路模型

（1）电压源模型：理想电压源 U_S 和内阻 R_0 串联。其与外电路的连接和外特性曲线如图 1-9 所示。

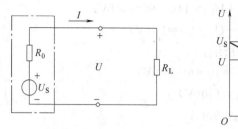

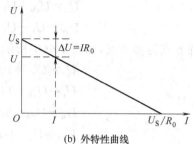

(a) 电压源模型与外电路的连接

(b) 外特性曲线

图 1-9　电压源模型

$$U = U_S - IR_0 \tag{1-6}$$

（2）电流源模型：理想电流源 I_S 和内阻 R_0 并联。其与外电路的连接和外特性曲线如图 1-10 所示。

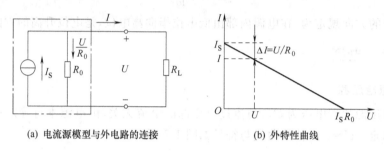

(a) 电流源模型与外电路的连接

(b) 外特性曲线

图 1-10　电流源模型

$$I = \frac{U_S}{R_0} - \frac{U}{R_0} = I_S - \frac{U}{R_0} \tag{1-7}$$

实际使用电源时，应注意以下几点。

（1）实际电工技术中，实际电压源简称电压源，常是指相对负载而言具有较小内阻的电压源；实际电流源简称电流源，常是指相对于负载而言具有较大内阻的电流源。

（2）实际电压源不允许短路，由于一般电压源的内阻 R_0 很小，短路电流将很大，会烧毁电源，这是不允许的。平时，实际电压源不使用时应开路放置，因电流为零，所以不消耗电源的电能。

（3）实际电流源不允许开路处于空载状态。空载时，电源内阻会把电流源的能量消耗掉，而电源无法对外送出电能。平时，实际电流源不使用时，应短路放置，因实际电流源的内阻 R_0 一般都很大，电流源被短路后，通过内阻的电流很小，损耗很小；而外电路上短路后电压为零，因此不消耗电能。

1.2.4　电能和电功率

电场力推动正电荷在电路中运动时，电场力做功，同时电路消耗电能。电路在单位时间内消耗的能量称为电路消耗的电功率，简称功率。

$$P = \frac{\mathrm{d}W}{\mathrm{d}t} \tag{1-8}$$

功率与电流、电压的关系如下。

关联方向时：

$$P = ui$$

非关联方向时：

$$P = -ui$$

$P > 0$ 时吸收功率，$P < 0$ 时放出功率。

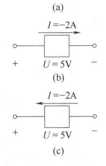

图 1-11　例 1-2 图

例 1-2　求图 1-11 所示各元件的功率。

解：图 1-11（a）关联方向：$P = UI = 5 \times 2 = 10(\text{W})$，$P > 0$，吸收 10W 功率。

图 1-11（b）关联方向：$P = UI = 5 \times (-2) = -10(\text{W})$，$P < 0$，产生 10W 功率。

图 1-11（c）非关联方向：$P = -UI = -5 \times (-2) = 10(\text{W})$，$P > 0$，吸收 10W 功率。

例 1-3　求图 1-12 所示电路图中各元件功率，并分析电路的功率平衡关系。其中，$I = 1\text{A}$，$U_1 = 10\text{V}$，$U_2 = 6\text{V}$，$U_3 = 4\text{V}$。

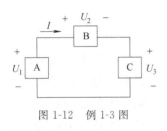

图 1-12　例 1-3 图

解：元件 A，非关联方向，$P_1 = -U_1 I = -10 \times 1 = -10(\text{W})$，$P_1 < 0$，产生 10W 功率，电源。

元件 B，关联方向，$P_2 = U_2 I = 6 \times 1 = 6(\text{W})$，$P_2 > 0$，吸收 6W 功率，负载。

元件 C，关联方向，$P_3 = U_3 I = 4 \times 1 = 4(\text{W})$，$P_3 > 0$，吸收 4W 功率，负载。

$P_1 + P_2 + P_3 = -10 + 6 + 4 = 0$，功率平衡。

1.3　电路的工作状态

1.3.1　电气设备的额定值

为了保证电气设备和器件安全、可靠地工作，制造厂规定了每种设备和器件在工作时所允许的最大电流、最高电压和最大功率，称为电气设备和器件的额定值，常用下标符号 N 表示。额定值有额定电压 U_N 与额定电流 I_N 或额定功率 P_N。这些额定值常标记在设备的铭牌上，故又称铭牌值。必须注意的是，电气设备或元件的电压、电流和功率的实际值不一定等于它们的额定值。电气设备和器件应尽量工作在额定状态，这种状态又称满载；其电流和功率低于额定值的工作状态称为轻载；高于额定值的工作状态称为过载。在电路中常装设自动开关（断路器）、热继电器，用来在过载时自动断开电源，以确保设备安全。

1.3.2　负载状态

电源与负载构成闭合回路，电路中有电流流过，电源处于运行工作状态，如图 1-13 所示。

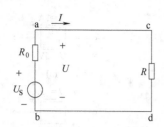

图 1-13　运行工作状态图

$$I = \frac{U_S}{R_0 + R}$$
$$U = U_S - I R_0$$
$$U = I R$$
$$P = P_S - \Delta P$$

式中,$P = UI$,表示电源输出的功率;$P_S = U_S I$,表示电源产生的功率;ΔP 表示内阻消耗的功率。

1.3.3　开路状态

在图 1-14 所示电路中,当开关 S 断开或电路中某处断开,切断的电路中没有电流流过时,称为开路,又称断路,为空载状态。

$$I = 0$$
$$U = U_{OC} = U_S$$
$$P = 0$$

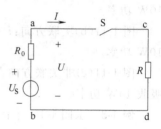

图 1-14　空载状态图

1.3.4　短路状态

如图 1-15 所示,当电源两端的导线由于某种事故而直接相连时,电源输出电流不经过负载,只经连接导线直接流回电源,这种状态称为短路状态,简称短路。短路时的电流称为短路电流,用 I_{SC} 表示。因电源内阻 R_0 很小,故 I_{SC} 很大。短路时外电路的电阻为零,故电源和负载的端电压均为零。这时,电源所产生的电能全部被电源内阻消耗转变为热能,故电源的输出功率和负载取用的功率均为零。

$$U = 0, \quad I = I_{SC} = \frac{U_S}{R_0}, \quad P = 0, \quad P_E = \Delta P = I^2 R_0$$

例 1-4　设图 1-16 所示电路中的电源额定功率 $P_N = 22\text{kW}$,额定电压 $U_N = 220\text{V}$,内阻 $R_0 = 0.2\Omega$,R 为可调节的负载电阻。求:

(1) 电源的额定电流 I_N;

(2) 电源开路电压 U_{OC};

(3) 电源在额定工作情况下的负载电阻 R_N;

(4) 负载发生短路时的短路电流 I_{SC}。

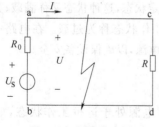

图 1-15　短路状态图

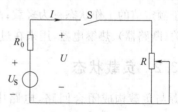

图 1-16　例 1-4 图

解：

（1）电源的额定电流

$$I_N = \frac{P_N}{U_N} = \frac{22 \times 10^3}{220} = 100(A)$$

（2）电源开路电压

$$U_{OC} = U_S = U_N + I_N R_0$$
$$= 220 + 0.2 \times 100 = 240(V)$$

（3）电源在额定状态时的负载电阻

$$R_N = \frac{U_N}{I_N} = \frac{220}{100} = 2.2(\Omega)$$

（4）短路电流

$$I_{SC} = \frac{U_S}{R_0} = \frac{240}{0.2} = 1200(A)$$

1.4 实践项目1：电位、电动势和内电阻的测量

1. 项目目的

（1）加深对电位、电压和电动势的理解。

（2）学会使用万用表。

（3）进一步熟悉全电路欧姆定律。

2. 仪器设备

（1）晶体管直流稳压电源：1台

（2）万用表：1块

（3）直流电流表：1块

（4）直流实验线路板：1块

（5）电阻箱：1个

（6）导线：若干

3. 项目实施步骤

（1）按图1-17所示原理电路接线。其中，$R_1 = 100\Omega$；$R_2 = 300\Omega$；$R_3 = 10\Omega$；$R_4 = 20\Omega$；$R_5 = 47\Omega$。

① 以A为参考点，分别测量B、C、D的电位，将数据填入表1-1中。

② 以C为参考点，分别测量A、B、D的电位，将数据填入表1-1中。

表1-1 电路图中各点电位

项　　目	U_A	U_B	U_C	U_D
A为参考点				
C为参考点				

（2）按图1-18所示原理电路接线，取$R_0 = 20\Omega$，串联一个电流表，闭合开关S实施以下

项目。

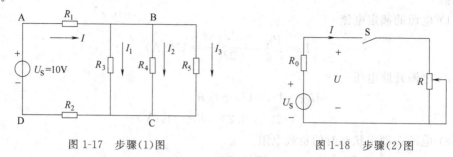

图 1-17 步骤(1)图   图 1-18 步骤(2)图

① 在电阻箱上适当选择一个电阻,测量其电流;

② 再适当选择一个电阻,测量其电流。

将测得的数据记入表 1-2 中,然后利用全电路欧姆定律 $I = \dfrac{U_S}{R_0 + R}$,列出方程组,解出 U_S 与 R_0。

表 1-2 测量值与计算结果

项 目	1	2	U_S	R_0
R				
I				

请大家思考还有哪些办法能测量电源的电动势和内电阻。

习 题 1

1-1 求图 1-19 所示各电路中的电压。

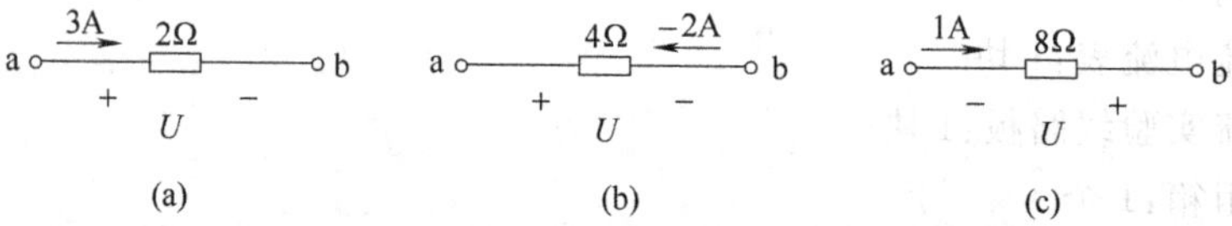

```
a ○ ──3A──→ [2Ω] ── ○ b        a ○ ── [4Ω] ──−2A── ○ b        a ○ ──1A──→ [8Ω] ── ○ b
         +        −                    +        −                      −        +
                U                              U                              U
        (a)                            (b)                            (c)
```

图 1-19 习题 1-1 图

1-2 求图 1-20 所示各电路中的电流。

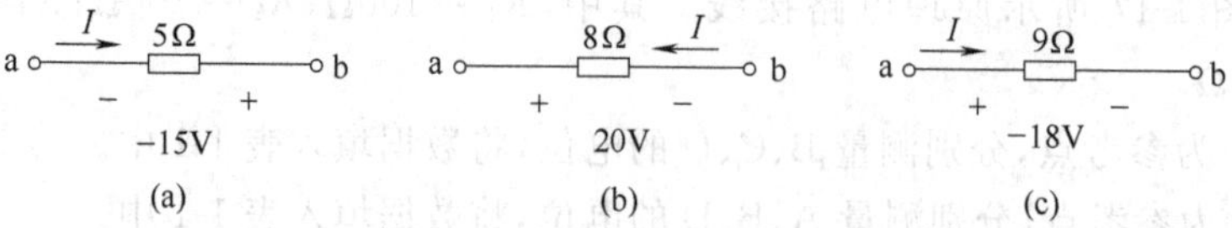

```
a ○ ──I──→ [5Ω] ── ○ b        a ○ ── [8Ω] ──I── ○ b        a ○ ──I──→ [9Ω] ── ○ b
        −        +                    +        −                    +        −
            −15V                         20V                          −18V
        (a)                            (b)                            (c)
```

图 1-20 习题 1-2 图

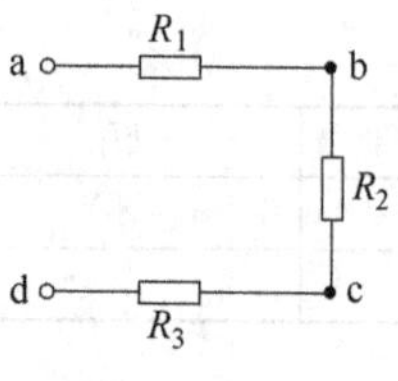

1-3 如图 1-21 所示,当取 c 点为参考点($U_c = 0$)时,$U_a = 15V$,$U_b = 8V$,$U_d = -5V$。

求:(1) U_{ad} 为多少伏? U_{db} 为多少伏?

图 1-21 习题 1-3 图

(2)若改取 b 点为参考点,则 U_a、U_c、U_d 各为多少伏?此时

U_{ad}、U_{db}又是多少伏?

1-4　如图 1-22 所示,计算各元件的功率,并说明各元件是吸收还是发出功率。

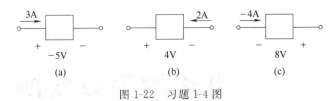

图 1-22　习题 1-4 图

1-5　有一个实际的电压源的开路电压 $U_{OC}=110V$,额定电流 $I_N=10A$,负载时的电压 $U_N=104.5V$,求实际电压源的电压 U_S 和内阻 R_0 各是多少? 满载时电压降低的百分数和短路电流 I_{SC} 又是多少?

测　验　1

1. 电路的作用是实现能量的传输和转换,信号的处理和(　　)。

　　A. 连接　　　　　　B. 传输　　　　　　C. 控制　　　　　　D. 传递

2. 指针式万用表采用的是(　　)测量机构。

　　A. 电磁系　　　　　B. 感应系　　　　　C. 磁电系　　　　　D. 静电系

3. 采用合理的测量方法可以消除(　　)误差。

　　A. 系统　　　　　　B. 读数　　　　　　C. 引用　　　　　　D. 疏失

4. 采用增加重复测量次数的方法可以消除对测量结果的(　　)影响。

　　A. 系统误差　　　　B. 偶然误差　　　　C. 疏失误差　　　　D. 基本误差

5. 检流计主要用于测量(　　)。

　　A. 电流的大小　　　B. 电压的大小　　　C. 电流的有无　　　D. 电阻的大小

6. 电源电动势的方向,在电源内部由负极指向正极,即(　　)。

　　A. 从高电位指向高电位　　　　　　　　B. 从低电位指向低电位

　　C. 从高电位指向低电位　　　　　　　　D. 从低电位指向高电位

7. (　　)反映了在不含电源的一段电路中,电流与电路两端的电压及电阻的关系。

　　A. 欧姆定律　　　　　　　　　　　　　B. 楞次定律

　　C. 部分电路欧姆定律　　　　　　　　　D. 全电路欧姆定律

8. 电流流过负载时,负载将电能转换成(　　)。

　　A. 机械能　　　　　B. 热能　　　　　　C. 光能　　　　　　D. 其他形式的能

9. 当流过人体的电流达到(　　)时,就足以致人死亡。

　　A. 0.1mA　　　　　B. 1mA　　　　　　C. 15mA　　　　　　D. 100mA

10. 电位随参考点的改变而改变的是(　　)。

　　A. 衡量　　　　　　B. 变量　　　　　　C. 绝对量　　　　　　D. 相对量

电路的等效变换

学习目标

(1) 了解电路的等效变换概念;

(2) 掌握电阻的串、并和混联计算;

(3) 了解电阻的星形与三角形联接及等效变换;

(4) 掌握电源模型的等效变换;

(5) 了解受控源及含受控源电路的等效变换;

(6) 掌握叠加定理与戴维宁定理;

(7) 了解替代定理与诺顿定理。

由独立电源和线性元件构成的电路称为线性电路,如果构成线性电路的无源元件均为线性电阻,则称为线性电阻电路,简称电阻电路。当电路中的电源都是直流电源时称为直流电路。"等效"在电路理论中是一个重要的概念。

2.1 等效变换的概念

对电路进行分析和计算时,有时需要对电路中的某一部分进行化简,即用一个较为简单的电路替代原电路,从而使问题得以简化。如在图 2-1(a)、(b)两个电路中,虚线框内的部分具有相同的伏安特性,即 u 和 i 对应相等。当图 2-1(a)中虚线框内部分被替代后,虚线框外电路任何部分的电压和电流都将维持与原电路相同,这就是电路的等效变换。

当电路中的某一部分用等效电路替代后,未被替代部分的电压和电流均保持不变。用等效变换的方法求解电路时,电压和电流保持不变的部分仅限于等效电路以外,这就是对外等效的概念,等效电路与被它替代的那部分电路显然是不同的。如图 2-1(a)所示的电路被简化后,可按

图 2-1(b)求得 u 和 i，它们分别等于原电路中的 u 和 i。但是如果要求出图 2-1(a)中虚线框内各电阻的电压和电流，就必须回到原电路中，根据已求得的 u 和 i 求解。

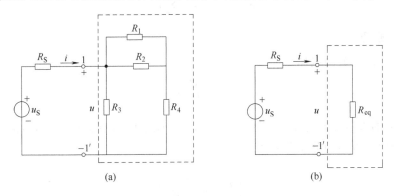

图 2-1　等效变换

如果电路的某一部分只有两个端子与外电路相联，则这部分电路称为二端网络，也叫单口网络。一个二端元件就是一个最简单的二端网络。如图 2-2(a)所示，方框内的字母"N"代表网络（Network）；内部含有电源的二端网络称为含源（Active）二端网络，方框内用字母"A"表示，如图 2-2(b)所示；网络内不含有电源的，称为无源（Passive）二端网络，方框内用字母"P"表示，如图 2-2(c)所示。

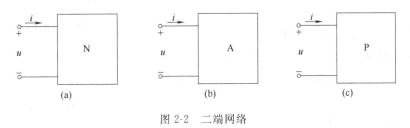

图 2-2　二端网络

2.2　电阻的串、并和混联及其等效电阻

2.2.1　电阻的串联

1. 特点

流过串联电阻的电流为同一电流。

2. 等效电阻

设 n 个电阻串联，则其串联电路与等效电阻如图 2-3 所示。

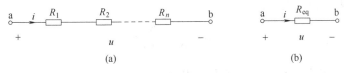

图 2-3　串联电阻及其等效电阻

等效电阻的公式为：

$$R_{\text{eq}} = \frac{u}{i} = \sum_{i=1}^{n} R_i$$

3. 分压原理

第 k 个电阻所分的电压为

$$u_k = \frac{R_k}{R_{\text{eq}}} u$$

条件：u_k 的参考方向与 u 的参考方向相同。串联电阻具有分压作用，电阻越大，分压越高。两个串联电阻的分压公式为

$$\begin{cases} u_1 = \dfrac{R_1}{R_1 + R_2} u \\[3mm] u_2 = \dfrac{R_2}{R_1 + R_2} u \end{cases} \tag{2-1}$$

条件：u、u_1、u_2 参考方向一致，否则，前面加负号。

2.2.2 电阻的并联

1. 特点

并联电阻承受的电压为同一电压。

2. 等效电阻

设 n 个电阻并联，则并联电阻与等效电阻如图 2-4 所示。

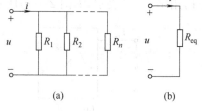

图 2-4　并联电阻与等效电阻

等效电阻的公式为：

$$\frac{1}{R_{\text{eq}}} = \sum_{i=1}^{n} \frac{1}{R_i}$$

或

$$G_{\text{eq}} = \sum_{i=1}^{n} G_i \left(G \text{ 为电导}, G = \frac{1}{R} \right)$$

两个电阻并联公式：

$$R_{\text{eq}} = \frac{R_2 R_1}{R_1 + R_2} \tag{2-2}$$

3. 分流原理

第 k 个电阻所分的电流：

$$i_k = \frac{u_k}{R_k} = \frac{R_{\text{eq}}}{R_k} i$$

条件：i_k 的参考方向与 u 的参考方向相同。

并联电阻具有分流作用。电阻 R_k 越大,分流越小。两个电阻的分流公式为:

$$\begin{cases} i_1 = \dfrac{R_2}{R_1 + R_2} i \\[3mm] i_2 = \dfrac{R_1}{R_1 + R_2} i \end{cases} \tag{2-3}$$

条件:根据 i_1、i_2 及 i 参考方向,决定前面是否加负号。

2.2.3 电阻的混联

当电路中既有电阻串联又有电阻并联时,称为电阻混联电路。电阻混联在实际电路中经常出现,而且形式多样。分析混联电路的关键是找出电阻的串并联关系,一般可从以下三个方面入手分析。

(1) 分析电路的结构特点。若两个电阻联成一串即是串联;若两个电阻联接在相同的两点间就是并联。

(2) 分析电压电流关系。若流经两个电阻的是同一个电流,就是串联;若两个电阻承受的是同一个电压就是并联。

(3) 对电路联接变形。对电路作扭动变形,如左边的支路扭到右边,上面的支路翻到下面,弯曲的支路拉直;对电路中的短路线任意压缩或拉伸,对多点接地的点用短路线联接。

一般情况下,电阻的串并联关系都可以应用上述方法辨别出来。

2.2.4 电路中的等电位点

依据元件参数和连接方式上具有某种对称性,来判断电路中的等电位点。等电位点之间短接或断开,均不影响等效电阻的计算。

*2.3 电阻的星形与三角形联接及其等效变换

在电路分析中,对于一些简单的电阻电路,可以采用串、并联的方法来分析,但有时电路中的电阻既不是串联联接也不是并联联接,如图 2-5 所示是一种具有桥形结构的电路,它是测量中常用的电桥电路。当电桥不平衡时,等效电阻 R_{eq} 不能直接求得,须经过一种专门的变换,即电阻的星形联接和三角形联接之间的等效变换才能求出。

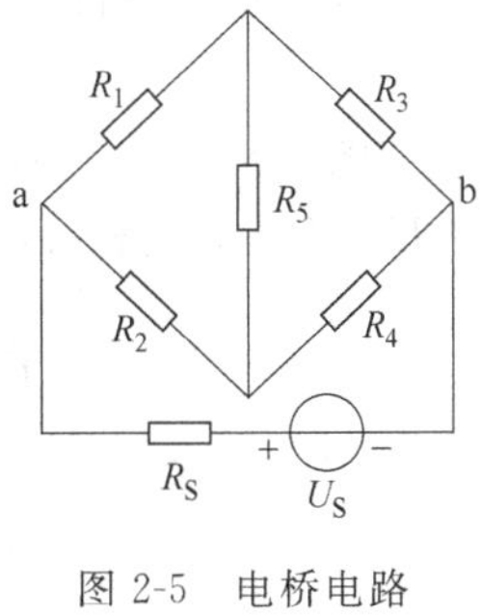

图 2-5 电桥电路

2.3.1 电阻的星形、三角形联接

1. 电阻的星形联接

如图 2-6 所示的电路,三个电阻的一端联接在一起,另一端分别与外电路相联,这种联接方式称为电阻的星形联接,图 2-6(a)电路的形状像"Y"形,叫 Y 形联接,图 2-6(b)电路的形状像"T"形,叫 T 形联接。

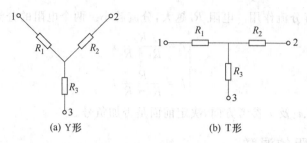

(a) Y形　　　　　　(b) T形

图 2-6　星形联接电路

2. 三角形联接

如图 2-7 所示的电路,三个电阻首尾相联,组成一个闭合回路,再从三个联接点分别引出三根线与外电路联接,这种联接方式称为电阻的三角形联接。图 2-7(a)电路的形状像"△"形,称△形联接,图 2-7(b)电路的形状像"Π"形,称 Π 形联接。

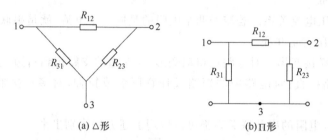

(a) △形　　　　　　(b) Π形

图 2-7　三角形联接电路

电阻的星形与三角形联接都是通过三个端子与外电路相联的,它们都是三端网络。

2.3.2　星形与三角形联接的等效变换

在电路分析中,为了简化电路的分析与计算,需要将电阻的星形与三角形联接进行等效变换,把电路化简成电阻串、并联的简单形式。

等效变换的条件是变换前后对应端子之间的电压不变,流入对应端子的电流分别相等。

如图 2-8 所示 Y 形和△形联接的两个电路,当外部电流 I_1、I_2、I_3 对应相等,电压 U_{12}、U_{23}、U_{31} 对应相等的条件下,可以推导出等效变换的公式(推导从略)。

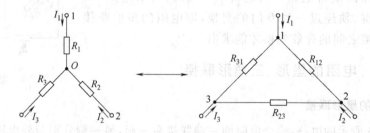

图 2-8　Y 形联接与△形联接的等效变换

将 Y 形联接等效变换为△形联接时,已知 R_1、R_2、R_3,求等效电阻 R_{12}、R_{23}、R_{31} 的

公式为:

$$R_{12} = \frac{R_1 R_2 + R_2 R_3 + R_3 R_1}{R_3}$$

$$R_{23} = \frac{R_1 R_2 + R_2 R_3 + R_3 R_1}{R_1} \qquad (2\text{-}4)$$

$$R_{31} = \frac{R_1 R_2 + R_2 R_3 + R_3 R_1}{R_2}$$

将△形联接的电阻等效变换为 Y 形联接的电阻时,已知 R_{12}、R_{23}、R_{31},求等效电阻 R_1、R_2、R_3 的公式为:

$$R_1 = \frac{R_{12} R_{31}}{R_{12} + R_{23} + R_{31}}$$

$$R_2 = \frac{R_{23} R_{12}}{R_{12} + R_{23} + R_{31}} \qquad (2\text{-}5)$$

$$R_3 = \frac{R_{31} R_{23}}{R_{12} + R_{23} + R_{31}}$$

为了便于记忆,Y 形联接电阻与△形联接电阻等效变换的公式可归纳为通式:

$$R_\triangle = \frac{\text{星形中各电阻两两乘积之和}}{\text{星形相对端子所接电阻}}$$

$$R_Y = \frac{\text{对应点三角形相邻两电阻之积}}{\text{三角形三个电阻之和}}$$

在进行电阻的 Y 形与△形联接等效变换时,应注意"等效"是对外部电路等效,变换时应找准与外界相联的三个端子,保证变换前后对应位置不变。

当 Y 形联接的三个电阻都相等,即 $R_1 = R_2 = R_3 = R_Y$ 时,等效成△形联接的三个电阻也相等,即 $R_{12} = R_{23} = R_{31} = R_\triangle$。且有 $R_Y = 1/3 R_\triangle$。这种 Y 形或△形联接也称对称联接。

在用 Y-△等效变换的方法求解问题时,应先考虑一下如何变换较简捷,免得进行多次变换。

例 2-1 计算图 2-9(a)所示电路中的电流 I_1。

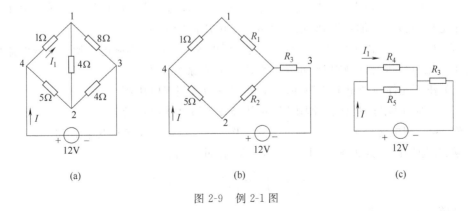

(a)　　　　　　　　(b)　　　　　　　　(c)

图 2-9 例 2-1 图

解:此电路为电桥电路,因为 $1\Omega \times 4\Omega \neq 5\Omega \times 8\Omega$,所以电桥不平衡,不能用简单的电

阻串、并联的关系求解。将接到 1、2、3 作三角形联接的三个电阻等效变换为星形联接,如图 2-9(b)所示,其中

$$R_1=\frac{4\times8}{4+4+8}=2(\Omega),\quad R_2=\frac{4\times4}{4+4+8}=1(\Omega),\quad R_3=\frac{4\times8}{4+4+8}=2(\Omega)$$

将图 2-9(b)化简为图 2-9(c)的电路,则 $R_4=1+2=3(\Omega)$;$R_5=5+1=6(\Omega)$。由此得

$$I=\frac{12}{R_4//R_5+R_3}=\frac{12}{\frac{3\times6}{3+6}+2}=3(\text{A}),\quad I_1=\frac{R_5}{R_4+R_5}I=2(\text{A})$$

本题中也可将 5Ω、4Ω、4Ω 三个电阻等效成三角形联接来求解,请同学们自己求解。

2.4 电源模型的等效变换

电压源模型与电流源模型的等效变换如图 2-10 所示。

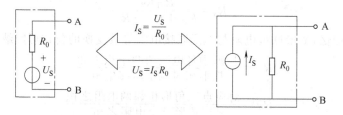

图 2-10 电压源模型与电流源模型的等效变换

(1)电压源和电流源的等效关系只对外部电路而言,对电源内部则是不等效的。如:当 $R=\infty$ 时,电压源的内阻 R_0 不消耗功率,而电流源的内阻则消耗功率。

(2)当两电源均以电阻表示内阻时,等效变换内阻不变。

(3)理想电压源和理想电流源之间不能等效变换。

(4)利用电源等效变换可以简化有源电路,方便求解。

(5)电源等效变换法同样适用于受控源电路,即受控电压源与电阻串联模型和受控电流源与电阻并联模型之间可以等效变换。

(6)2 个或 2 个以上的实际电压源串联,可以等效为一个实际电压源。等效电压可通过各个电压直接进行加减得到,正负号取决于电压源的极性。

(7)2 个或 2 个以上的实际电流源并联,可以等效为一个实际电流源。等效电流可通过各个电流直接进行加减得到,正负号取决于电流源的极性。

(8)任何元件与理想电压源并联,对外等效为该理想电压源。

(9)任何元件与理想电流源串联,对外等效为该理想电流源。

例 2-2 用电源模型等效变换的方法求图 2-11(a)所示电路的电流 I_1 和 I_2。

解:将原电路变换为图 2-11(c)所示电路,由此可得:

$$I_2=\frac{I_SR_1}{R_1+R_2}=\frac{5}{10+5}\times3=1(\text{A})$$

从图 2-11(a)可得:

$$I_1=I_2-2=1-2=-1(\text{A})$$

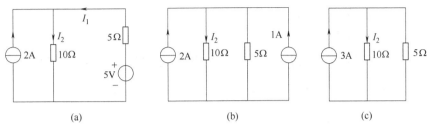

图 2-11 例 2-2 图

例 2-3 设有两台直流发电机并联工作,共同供电给 $R=24\Omega$ 的负载电阻。其中一台发电机的电动势为 130V,内电阻为 1Ω;另一台发电机的电动势为 117V,内电阻为 0.6Ω。试求负载电流。

解:先将两台直流发电机用电压源模型代替并画出电路,如图 2-12(a)所示。图中 $U_{S1}=130V,R_1=1\Omega;U_{S2}=117V,R_2=0.6\Omega$。

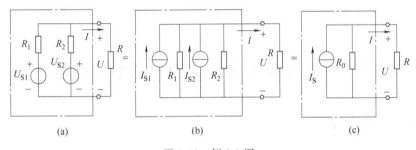

图 2-12 例 2-3 图

再利用电压源模型与电流源模型的等效变换关系,将电压源模型变换成电流源模型,如图 2-12(b)所示。图中 $I_{S1}=U_{S1}/R_1=130/1=130(A)$;$I_{S2}=U_{S2}/R_2=117/0.6=195(A)$。

然后将两个并联的电流源模型合并成一个等效的电流源模型,如图 2-12(c)所示。图中 $I_S=I_{S1}+I_{S2}=130+195=325(A)$。

$$R_0=\frac{R_1R_2}{R_1+R_2}=\frac{1\times0.6}{1+0.6}=0.375(\Omega)$$

所以

$$I=\frac{R_0}{R_0+R}I_S=\frac{0.375}{0.375+24}\times325=5(A)$$

例 2-4 试求图 2-13 所示各电路的等效电路。

解:图 2-13(a)与 10V 电压源并联的是电流源,图 2-13(b)与 10V 电压源并联的是电阻,对于 a、b 两端口而言,它们都等效为 10V 的电压源,如图 2-13(c)所示。理想电流源与理想电压源并联,理想电流源无效、断路。

图 2-13(d)与 2A 电流源串联的是电压源,图 2-13(e)与 2A 电流源串联的是电阻,对于 a、b 两端口而言,它们都等效为 2A 的电流源,如图 2-13(f)所示。理想电流源与理想电压源串联,理想电压源短路、无效。

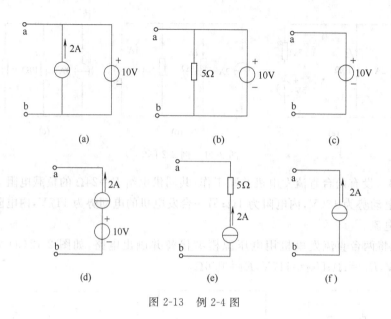

图 2-13　例 2-4 图

*2.5　受控源及含受控源电路的等效变换

2.5.1　受控源

前面介绍的电压源和电流源,其电压或电流不受所联接的外电路的影响而独立存在,所以称为独立源。独立源常作为激励对电路起作用,在它们的作用下,电路才产生响应。在电子电路中,为了描述一些电子器件的实际性能,在电路模型中常遇到另一类电源——受控源。受控源就是电压或电流受电路中其他部分的电压或电流控制的电源。当作为控制量的电压或电流消失或等于零时,受控源的电压或电流也将消失或等于零;当作为控制量的电压或电流增大、减小或改变极性时,受控源的电压或电流也将跟着增大、减小或改变极性,即受控源的电压或电流不是独立存在的,所以受控源又称为非独立电源。大家熟悉的三极管的集电极电流受基极电流控制的现象可以用受控源模型来描述。

受控源有两对端子,一对是控制端,也叫输入端;另一对是受控端,也叫输出端。输入端是控制量所在的支路,称为控制支路,输出端是受控源所在的支路。受控源有 4 种类型,分别是电压控制电压源(Voltage Controlled Voltage Source,VCVS)、电流控制电压源(Current Controlled Voltage Source,CCVS)、电流控制电流源(Current Controlled Current Source,CCCS)、电压控制电流源(Voltage Controlled Current Source,VCCS),这 4 种受控源的电路模型如图 2-14 所示。

特别指出,受控源与独立源在电路中的作用有着本质的区别。受控源在电路中不是激励,也不是真正意义上的电源,只是用来反映电路中某处的电压或电流可以控制另一处的电压或电流这一现象。而独立源作为电路的输入,代表着外界对电路的激励作用,是电路中产生响应的"源泉"。

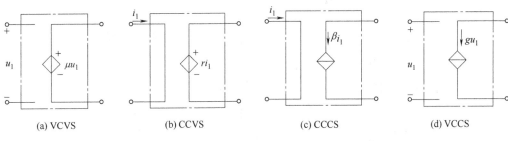

图 2-14　受控源的 4 种类型

说明：

（1）一般在含受控源的电路中，并不明确标出两个端口，但其输出量与控制量必须明确标出；

（2）线性受控源的输出量与控制量的关系为一次函数关系；

（3）独立源与受控源的相同点是都可以对外电路做功；

（4）独立源与受控源的不同点是独立源的输出量是独立的，而受控源的输出量是不独立的；

（5）与独立源类似，受控源也有理想受控源和实际受控源两类。

*2.5.2　含受控源电路的等效变换

运用等效的概念同样可以解决一些含受控源电路的分析问题。受控源和独立源一样也可以进行电压源模型与电流源模型的等效变换。但受控源有两条支路，一般来说，作等效变换处理时，要保留控制量所在的支路不变，目的在于保留控制量。

下面通过例题，具体介绍含受控源电路的等效变换及化简。

例 2-5　电路如图 2-15 所示，已知 $U = 4.9\text{V}$，求 U_S。

解：将受控电流源与独立电流源同样看待，即受控电流源所在支路的电流为 $0.98I$，由欧姆定律可知，5Ω 电阻的电压为

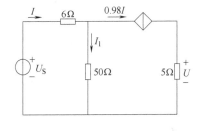

图 2-15　例 2-5 图

$$U = 0.98I \times 5 = 4.9(\text{V})$$

$$I = \frac{4.9}{0.98 \times 5} = 1(\text{A})$$

$$I_1 = I - 0.98I = 0.02I = 0.02(\text{A})$$

$$U_S = 6I + 50I_1 = 6 \times 1 + 50 \times 0.02 = 7(\text{V})$$

例 2-6　电路如图 2-16(a) 所示，求 U。

解：根据电源模型的等效变换，把受控电流源与电阻并联的电路模型等效变换成受控电压源与电阻串联的电路模型，如图 2-16(b) 所示。

注意，4Ω 电阻支路虽然与理想电压源并联，但由于该支路电流 I_1 是受控源的控制量，所以该支路不参与等效。

图 2-16(b) 中

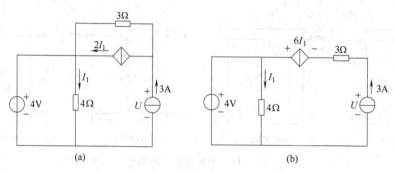

图 2-16 例 2-6 图

$$I_1 = \frac{4}{4} = 1(A)$$

$$6I_1 - 3 \times 3 + U - 4 = 0$$

所以
$$U = -6I_1 + 9 + 4 = 7(V)$$

例 2-7 化简图 2-17(a)所示的二端网络。

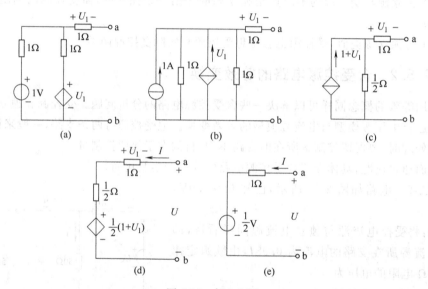

图 2-17 例 2-7 图

解：

(1) 将串联组合等效为并联组合,如图 2-17(b)所示。

(2) 将电流源和受控电流源合并成一个受控电流源,化简后得图 2-17(c)。

(3) 将并联组合等效为串联组合,如图 2-17(d)所示。

(4) 图 2-17(d)中两个电阻串联,但此时不能用一个电阻来等效,因为其中 1Ω 电阻的电压 U_1 是受控源的控制量,一旦等效,U_1 就从电路图中消失了。如果能够写出图 2-17(d)的伏安关系,就可以画出电路模型,又因为伏安关系是由电路本身性质决定的,与外电路无关,所以可以任意设端口电压 U、电流 I 及参考方向,如图 2-17(d)所示,有

$$U = \left(1 + \frac{1}{2}\right)I + \frac{1}{2}(1 + U_1) = \frac{3}{2}I + \frac{1}{2} + \frac{1}{2}U_1$$

而

$$U_1 = -1 \times I = -I$$

所以

$$U = \frac{3}{2}I + \frac{1}{2} + \frac{1}{2}(-I) = I + \frac{1}{2}$$

与之对应的电路模型如图 2-17(e)所示,图 2-17(e)即为图 2-17(a)的最简串联等效电路。

例 2-8 将图 2-18(a)所示的 CCCS 电路等效变换为 CCVS 电路。

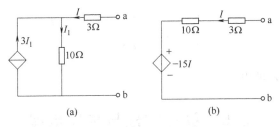

图 2-18 例 2-8 图

解:将受控电流源与 10Ω 电阻变换为受控电压源时,控制量 I_1 将被消去,因此,需先将 I_1 转化为不会消去的电流 I,即找到与 I 的关系,用 I 来作受控源的控制量。

$$I = I_1 - 3I_1$$

$$I_1 = -\frac{1}{2}I$$

故受控电流源可表示为

$$3I_1 = 3 \times \left(-\frac{1}{2}I\right) = -1.5I$$

而其等效的受控电压源为

$$-1.5I \times 10 = -15I$$

串联电阻仍为 10Ω,因此可得到图 2-18(b)所示的受控电压源电路。

例 2-9 求图 2-19(a)所示单口网络的等效电阻。

解:设想在端口处加电压源 U,求 U 与 I_1 的关系。

$$U = RI_2, \quad I_2 = I_1 - \beta I_1$$

所以 $\quad U = R(I_1 - \beta I_1) = (1-\beta)RI_1$

从而求得单口网络的等效电阻 $R_0 = \dfrac{U}{I_1} = (1-\beta)R$,即图 2-19(b)所示的电路。

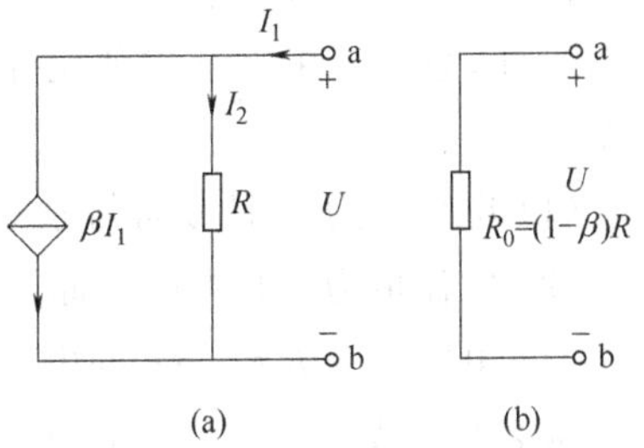

例 2-10 求图 2-20(a)所示的等效电阻。

图 2-19 例 2-9 图

解:对图 2-20(a)进行电源变换得图 2-20(b),再对图 2-20(b)进行电源变换得图 2-20(c),在图 2-20(c)端口处加电压源 U,求 U 与 I 的关系。

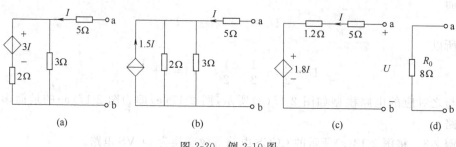

图 2-20 例 2-10 图

$$U=(5+1.2)I+1.8I=8I$$

$$R_0=\frac{U}{I}=8(\Omega)$$

即图 2-20(d)所示的电路。

2.6 叠加定理与替代定理

(1) 线性电路:由线性电阻元件、独立源、线性受控源组成的电路。

(2) 激励:电路中的独立源。

(3) 响应:电路中各处的电压和电流。

(4) 齐性性质:线性电路中,单一激励下,响应正比于激励。

2.6.1 叠加定理

在含有多个激励的线性电路中,任一支路的响应(电流或电压)等于各理想激励单独作用时,在该支路中产生的响应(电流或电压)的代数之和。

当某一独立源单独作用时,其他独立源置零。即 $U_S=0\rightarrow$ 短路;$I_S=0\rightarrow$ 开路。

*2.6.2 替代定理

在任一电路中,其中第 k 条支路的电压和电流 u_k、i_k 已知,那么无论该支路原先是什么元件,总可以用以下三种元件中的任一元件替代,替代前后电路中各处电压、电流不变。

(1) 电压值为 u_k 且方向与原支路电压方向一致的理想电压源;

(2) 电流值为 i_k 且方向与原支路电流方向一致的理想电流源;

(3) 电阻值为 $R=u_k/i_k$ 的电阻元件。

例 2-11 如图 2-21 所示,已知 $U_{S1}=130V,U_{S2}=117V,R=24\Omega,R_1=1\Omega,R_2=0.6\Omega$,试用叠加定理求两台直流发电机并联电路中的负载电流 I 及每台发电机的输出电流 I_1 和 I_2。

解:将图 2-21(a)所示的电路等效成图 2-21(b)和图 2-21(c)所示的电路,由图 2-21(b)可得

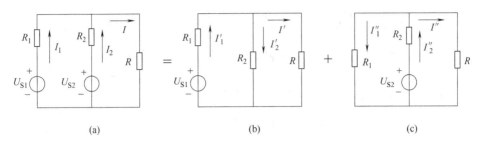

图 2-21 例 2-11 图

$$I'_1 = \frac{U_{S1}}{R_1 + \dfrac{R_2 R}{R_2 + R}} = \frac{130}{1 + \dfrac{0.6 \times 24}{0.6 + 24}} = 82(\text{A})$$

$$I'_2 = \frac{R}{R_2 + R} I'_1 = \frac{24}{0.6 + 24} \times 82 = 80(\text{A})$$

$$I' = I'_1 - I'_2 = 82 - 80 = 2(\text{A})$$

由图 2-21(c)可得：

$$I''_2 = \frac{U_{S2}}{R_2 + \dfrac{R_1 R}{R_1 + R}} = \frac{117}{0.6 + \dfrac{1 \times 24}{1 + 24}} = 75(\text{A})$$

$$I''_1 = \frac{R}{R_1 + R} I''_2 = \frac{24}{1 + 24} \times 75 = 72(\text{A})$$

$$I'' = I''_2 - I''_1 = 75 - 72 = 3(\text{A})$$

由图所示各电流的参考方向，考虑正、负号的关系可得

$$I_1 = I'_1 - I''_1 = 82 - 72 = 10(\text{A})$$

$$I_2 = I''_2 - I'_2 = 75 - 80 = -5(\text{A})$$

$$I = I' + I'' = 2 + 3 = 5(\text{A})$$

叠加定理是线性电路的一个基本定理。用它来分析计算电路时，可以把一个多电源的复杂电路转化为几个单电源的电路来进行处理，从而使问题简单化，易于解决。

在分析时注意以下几个方面。

（1）叠加定理只能用于线性电路中电流和电压的叠加计算，即响应可叠加（叠加定理包含了"加性"和"齐性"两重含义），而不能用于非线性电路，也不能用于线性电路中功率的计算。

（2）电源单独作用是指电路中的某一个电源作用，而其他电源不作用。如果电压源不作用，相当于短路；如果电流源不作用，相当于开路。

（3）叠加时要注意电流和电压的参考方向，求其代数和。如和参考方向相同，叠加时取正号；反之取负号。

（4）叠加时只对独立源产生的响应叠加，受控源在每个独立电源单独作用时应保留在电路中。

（5）叠加方式是任意的，电源可单独作用，也可分组作用。

例 2-12 在图 2-22（a）所示电路中，已知：$U_S = 10\text{V}$，$I_S = 3\text{A}$，$R_1 = 5\Omega$，$R_2 = 10\Omega$，$R_3 = 5\Omega$。试求各电阻电流。

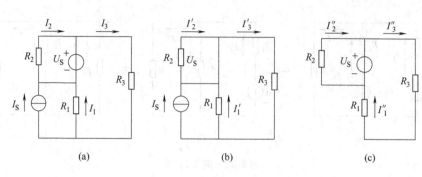

图 2-22　例 2-12 图

解：

（1）电流源单独作用时，等效电路（电压源开路）如图 2-22（b）所示；电压源单独作用时，等效电路（电流源开路）如图 2-22（c）所示。

（2）求出各电源单独作用电路中的各电阻支路的分电流。由图 2-22（b）所示电路，可求得

$$-I_1' = I_3' = \frac{5}{5+5} \times 3 = 1.5(\text{A}), \quad I_2' = 0$$

由图 2-22（c）所示电路，可求得

$$I_1'' = I_3'' = \frac{10}{5+5} = 1(\text{A}), \quad I_2'' = -\frac{10}{10} = -1(\text{A})$$

（3）根据叠加定理有

$$I_1 = I_1' + I_1'' = -1.5 + 1 = -0.5(\text{A})$$
$$I_2 = I_2' + I_2'' = 0 + (-1) = -1(\text{A})$$
$$I_3 = I_3' + I_3'' = 1.5 + 1 = 2.5(\text{A})$$

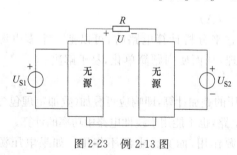

图 2-23　例 2-13 图

例 2-13　在图 2-23 所示电路中，已知：$U_{S1} = U_{S2} = 5\text{V}$ 时，$U = 0$；$U_{S1} = 8\text{V}$，$U_{S2} = 6\text{V}$ 时，$U = 4\text{V}$。

求：$U_{S1} = 3\text{V}$，$U_{S2} = 4\text{V}$ 时 U 的值。

解：设和 U_{S1} 和 U_{S2} 单独作用时，在 R 上产生的电压响应分别为 U' 和 U''，则有

$$U' = K_1 U_{S1}, \quad U'' = K_2 U_{S2}$$

式中，K_1 和 K_2 为比例常数。由叠加定理可得

$$U = K_1 U_{S1} + K_2 U_{S2}$$

则有 $0 = K_1 \times 5 + K_2 \times 5$；$4 = K_1 \times 8 + K_2 \times 6$。解之得 $K_1 = 2$，$K_2 = -2$。当 $U_{S1} = 3\text{V}$，$U_{S2} = 4\text{V}$ 时，可得 $U = (2 \times 3 - 2 \times 4) = -2(\text{V})$。

例 2-14　在图 2-24（a）所示电路中，已知：$U_S = 21\text{V}$，$I_S = 14\text{A}$，$R_1 = 8\Omega$，$R_2 = 6\Omega$，$R_3 = 4\Omega$，$R = 3\Omega$。用叠加定理求 R 两端的电压 U。

解：将 I_S 开路，U_S 单独作用，求 U'；将 U_S 短路，I_S 单独作用，求 U''。

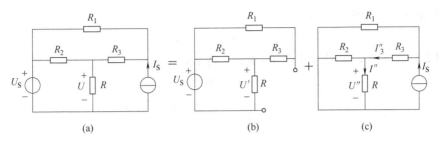

图 2-24 例 2-14 图

$$U' = \frac{R}{R + \dfrac{(R_1 + R_3) \times R_2}{R_1 + R_3 + R_2}} \times U_s = \frac{3}{3+4} \times 21 = 9(\text{V})$$

$$I_3'' = \frac{R_1}{R_1 + R_3 + \dfrac{R_2 R}{R_2 + R}} \times I_s = \frac{8}{8+4+2} \times 14 = 8(\text{A})$$

$$I'' = \frac{R_2}{R_2 + R} I_3'' = \frac{6}{6+3} \times 8 = 5.33(\text{A})$$

$$U'' = R I'' = 3 \times 5.33 = 16(\text{V})$$

最后叠加得

$$U = U' + U'' = 9 + 16 = 25(\text{V})$$

* **例 2-15**　在图 2-25(a)所示电路中,试用叠加定理求 4V 电压源发出的功率。

解:功率不可叠加,但可用叠加定理求 I。

3V 电压源单独工作时,等效电路如图 2-25(b)所示。

$$I_x' = \frac{3}{2}\text{A}, \qquad I_y' = \frac{2I_x'}{2} = \frac{3}{2}(\text{A})$$

$$I' = -(I_x' + I_y') = -3(\text{A})$$

4V 电压源单独工作时,等效电路如图 2-25(c)所示。

$$I_x'' = -2(\text{A})$$

$$I_y'' = \frac{2I_x'' - 4}{2} = -4(\text{A})$$

$$I'' = -(I_x'' + I_y'') = 6(\text{A})$$

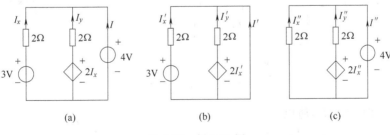

图 2-25 例 2-15 图

由叠加定理可得

$$I = I' + I'' = -3 + 6 = 3(\text{A})$$

4V 电压源发出的功率为:

$$P = 4 \times 3 = 12(\text{W})$$

例 2-16　在图 2-26 所示电路中,求各支路电流。

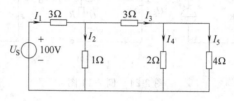

图 2-26　例 2-16 图

分析:由线性电路齐性性质可知,一个独立电压源扩大 K 倍或缩小为 $1/K$,它产生的响应分量也扩大 K 倍或缩小为 $1/K$。本题只有一个独立电源作用,可设 $I'_5 = 1\text{A}$,求出相应的 U'_S,由 $\dfrac{U_S}{U'_S} = K$,再计算每一支路电流。

解:设 $I'_5 = 1\text{A}$,则

$$I'_4 = 2(\text{A}), \quad I'_3 = I'_4 + I'_5 = 3(\text{A}), \quad I'_2 = \frac{3I'_3 + 2I'_4}{1} = 13(\text{A}), \quad I'_1 = I'_2 + I'_3 = 16(\text{A})$$

$$U'_S = 3 \times I'_1 + 1 \times I'_2 = 48 + 13 = 61(\text{V})$$

$$K = \frac{U_S}{U'_S} = \frac{100}{61} \approx 1.64$$

由齐性定理得:

$$I_1 = K \times I'_1 = 26.24(\text{A})$$
$$I_2 = K \times I'_2 = 21.32(\text{A})$$
$$I_3 = K \times I'_3 = 4.92(\text{A})$$
$$I_4 = K \times I'_4 = 3.28(\text{A})$$
$$I_5 = K \times I'_5 = 1.64(\text{A})$$

* 例 2-17　求图 2-27(a)所示电路中 R 的值。

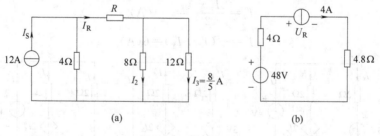

图 2-27　例 2-17 图

解:因为 $8I_2 = 12I_3$,所以

$$I_2 = \frac{12}{8}I_3 = \frac{12}{8} \times \frac{8}{5} = \frac{12}{5}(\text{A}), \quad I_R = I_2 + I_3 = \frac{12}{5} + \frac{8}{5} = 4(\text{A})$$

用 4A 的理想电流源替代 R,电路化简后如图 2-27(b)所示。

则有

$$U_R = 48 - (4 + 4.8) \times 4 = 12.8(V)$$

$$R = \frac{U_R}{4} = \frac{12.8}{4} = 3.2(\Omega)$$

* 例 2-18 求图 2-28(a)所示电路中 I_2 的值。

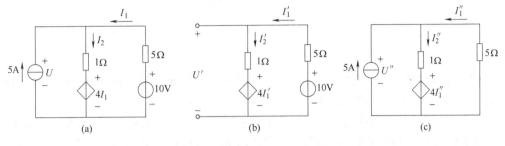

图 2-28 例 2-18 图

解:10V 电压源单独作用,等效电路如图 2-28(b)所示,得

$$I_1' = I_2'$$

$$5I_1' + I_2' = 10 - 4I_1'$$

解得:$I_2' = 1A$。

5A 电流源单独作用,等效电路如图 2-28(c)所示,得

$$I_1'' + 5 - I_2'' = 0$$

$$5I_1'' + I_2'' = -4I_1''$$

解得:$I_2'' = 4.5A$。

叠加,得:

$$I_2 = I_2' + I_2'' = 1 + 4.5 = 5.5(A)$$

2.7 戴维宁定理与诺顿定理

在网络分析中,往往不需要求解所有支路的电流或电压,而只需要求解其中某一条支路上的电流或电压,此时如将该支路从原网络中分出,则该网络的其余部分连同独立电源在内可组成一个新的网络。此新网络对外有两个端口与该指定支路相连,其内部由线性无源元件和独立电源组成,称为有源二端网络。

2.7.1 戴维宁定理

对外电路来说,任何一个线性有源二端网络,都可以用一个电压源即恒压源和电阻串联的支路来代替,其恒压源电压等于线性有源二端网络的开路电压 U_{OC},电阻等于线性有源二端网络除源后两端间的等效电阻 R_0,这就是戴维宁定理。其示意图如图 2-29 所示。

应用戴维宁定理的关键是求出开路电压和输入电阻。求开路电压可用前面介绍的线性电路的各种分析方法和定理等进行。求输入电阻有如下 3 种方法。

(1)将二端网络中所有的独立电源置零(即电压源用短路替代,电流源用开路替代),按照电阻串并联等效变换的方法,求出输入电阻。

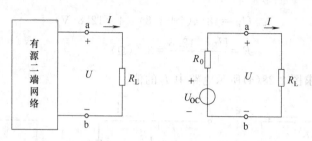

图 2-29 戴维宁定理示意图

（2）将二端网络中所有的独立电源置零，在端口 ab 处施加一电压，如图 2-30(a)所示，计算或测量输入端口的电流 I，则输入电阻 $R_0 = U/I$。

（3）用实验方法测量或用计算方法求得该有源二端网络的开路电压 U_{OC} 和短路电流 I_{SC}，如图 2-30(b)、图 2-30(c)所示，再根据有源二端网络的等效电路，求出输入电阻 $R_0 = U_{OC}/I_{SC}$。

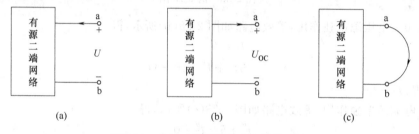

图 2-30 有源二端网络输入电阻的求法

例 2-19 用戴维宁定理求图 2-31(a)所示电路的电流 I。

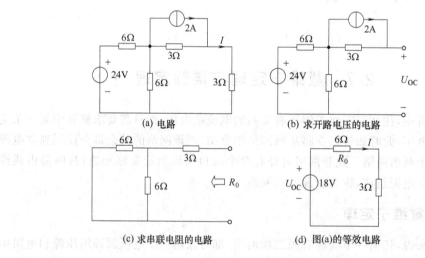

图 2-31 例 2-19 图

解：

（1）断开待求支路，得有源二端网络，如图 2-31(b)所示。由图可求得开路电压

$$U_{OC} = 2 \times 3 + \frac{6}{6+6} \times 24 = 6 + 12 = 18(\text{V})$$

（2）将图 2-31(b)中的电压源短路，电流源开路，得除源后的无源二端网络，如图 2-31

(c)所示,由图可求得等效电阻 R_0 为:

$$R_0 = 3 + \frac{6 \times 6}{6+6} = 3 + 3 = 6(\Omega)$$

(3) 根据 U_{OC} 和 R_0 画出戴维宁等效电路并接上待求支路,得图 2-31(a)所示电路的等效电路,如图 2-31(d)所示,由图可求得 I 为:

$$I = \frac{18}{6+3} = 2(A)$$

例 2-20 用戴维宁定理求图 2-32(a)所示电路中的电流 I。已知 $U_{S1} = 130V$, $U_{S2} = 117V$, $R_1 = 1\Omega$, $R_2 = 0.6\Omega$, $R_L = 240\Omega$。

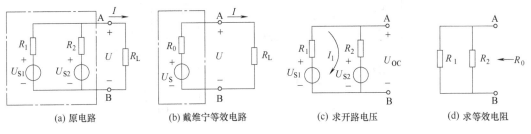

(a) 原电路　　　(b) 戴维宁等效电路　　　(c) 求开路电压　　　(d) 求等效电阻

图 2-32　例 2-20 图

解:

(1) 将原电路用戴维宁等效电路代替,如图 2-32(b)所示。

(2) 求电压源模型的理想电压源电压 U_S。将负载 R_L 断路,如图 2-32(c)所示。

由图 2-32(c)求得

$$I_1 = \frac{U_{S1} - U_{S2}}{R_1 + R_2} = \frac{130 - 117}{1 + 0.6} \approx 8.13(A)$$

$$U_S = U_{OC} = I_1 R_2 + U_{S2} = 8.31 \times 0.6 + 117 \approx 122(V)$$

(3) 求电压源模型的内阻 R_0,其等效电阻如图 2-32(d)所示。

由图 2-32(d)求得

$$R_0 = \frac{R_1 R_2}{R_1 + R_2} = \frac{1 \times 0.6}{1 + 0.6} = 0.375(\Omega)$$

(4) 由戴维宁定理求电流 I。

$$I = \frac{U_S}{R_0 + R_L} = \frac{122}{0.375 + 24} \approx 5(A)$$

例 2-21 用戴维宁定理求解图 2-33(a)所示电路中的 I_5。

解:将待求电流的 BD 支路抽出,如图 2-33(b)所示,理想电压源电压 U_S 和所串联的内阻 R_0 可分别由图 2-33(c)、图 2-33(d)求得。

$$I_1 = \frac{U'_S}{R_1 + R_2} = \frac{6}{30 + 10} = 0.15(A), \quad I_2 = \frac{U'_S}{R_3 + R_4} = \frac{6}{20 + 40} = 0.1(A)$$

$$U_S = U_{OC} = I_1 R_2 - I_2 R_4 = 0.15 \times 10 - 0.1 \times 40 = -2.5(V)$$

由图 2-33(d)可知:

$$R_0 = \frac{R_1 R_2}{R_1 + R_2} + \frac{R_3 R_4}{R_3 + R_4} = \frac{30 \times 10}{30 + 10} + \frac{20 \times 40}{20 + 40} \approx 20.8(\Omega)$$

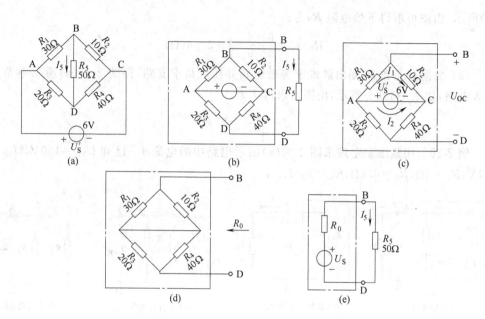

图 2-33　例 2-21 图

最后由图 2-33(e)求出通过 BD 支路的电流

$$I_5 = \frac{U_S}{R_0 + R_5} = \frac{-2.5}{20.8 + 50} = -35.3(\text{mA})$$

例 2-22　应用戴维宁定理求图 2-34(a)所示电路中的电流 I_2。

解：

$$U_{OC} = 20 - 6I_1' = 20 - 6 \times (-10) = 80(\text{V})$$

$$I_{SC} = I_1'' + 10 = \frac{20}{6} + 10 = \frac{40}{3}(\text{A}), \quad R_0 = \frac{U_{OC}}{I_{SC}} = \frac{80}{\frac{40}{3}} = 6(\Omega)$$

$$I_2 = \frac{80}{4 + 6} = 8(\text{A})$$

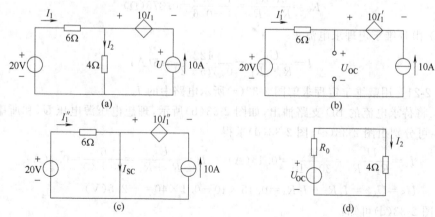

图 2-34　例 2-22 图

*2.7.2 诺顿定理

诺顿定理指出,对于任意一个线性有源二端网络,如图 2-35(a)所示,可用一个电流源及其内阻为 R_0 的并联组合来代替,如图 2-35(b)所示。电流源的电流为该含源二端网络的短路电流,如图 2-35(c)所示;内阻等于该网络中所有电源为零时,从二端网络两端看进去的电阻,如图 2-35(d)所示。

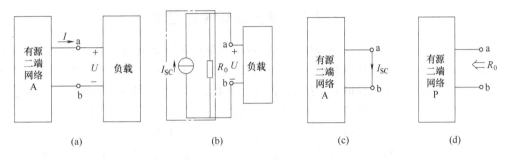

图 2-35 诺顿定理示意图

诺顿定理指出,任一线性含源单口网络,对外而言,可以等效为一个理想电流源与一个电导并联的电路模型。其电流源的电流等于原单口网络端口处短路时的短路电流,其电导等于原单口网络去掉全部独立电源后,从端口看入的等效电导。

戴-诺等效电路满足电源等效变换,R_0 求法与戴维宁等效电阻的求法相同。

例 2-23 用诺顿定理求图 2-36(a)所示电路中的电流 I。

$$I_{SC} = \frac{14}{20} + \frac{9}{5} = 2.5(\text{A})$$

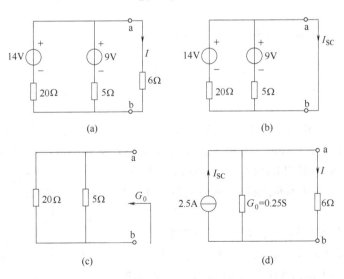

图 2-36 例 2-23 图

解:将 6Ω 电阻从电路中断开,从图 2-36(b)求短路电流:

从图 2-36(c)求电导:

$$G_0 = \frac{1}{20} + \frac{1}{5} = 0.25 \text{(S)}$$

从图 2-36(d)求电流：

$$I = 2.5 \times \frac{\dfrac{1}{0.25}}{\dfrac{1}{0.25} + 6} = 2.5 \times \frac{4}{4+6} = 1 \text{(A)}$$

2.7.3　最大功率传输定理

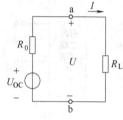

图 2-37　有源二端网络的
等效戴维宁电源模型

实际中许多设备的电源在向外供电时都通过引出两个端子接到负载。可以说它们就是一个有源二端网络。当所接负载不同时，二端电路传输给负载的功率也就不同。现在讨论：对给定的有源二端网络，当负载为何值时网络传给负载的功率最大呢？此时负载所能吸收的功率又是多少呢？

为了说明这个问题，我们将有源二端网络等效成戴维宁电源模型，如图 2-37 所示。由图可知

$$I = \frac{U_{OC}}{R_0 + R_L}$$

则电源传输给负载的功率为：

$$P_L = R_L I^2 = R_L \left(\frac{U_{OC}}{R_0 + R_L} \right)^2 = \frac{R_L U_{OC}^2}{(R_0 - R_L)^2 + 4 R_0 R_L}$$

当 $R_L = R_0$ 时分母最小，即 P_L 有极大值。所以有源二端网络传输给负载的功率最大的条件是：负载电阻等于二端网络的等效电源内阻。此时电路的工作状态称为负载与网络的"匹配"。

有源二端网络传输给负载的最大功率为：

$$P_{L\max} = \frac{U_{OC}^2}{4R_0}, \qquad \eta = \frac{P_L}{P_{U_{OC}}} \times 100\% = \frac{\dfrac{U_{OC}^2}{4R_0}}{\dfrac{U_{OC}^2}{2R_0}} \times 100\% = \frac{1}{2} \times 100\% = 50\%$$

可见，在负载获得最大功率时，传输效率低，有一半的功率在电源内部消耗了，这种情况在电力网络中是不允许的。在电力网络中要求高效率地传输电功率，因此应使 $R_L \gg R_0$。在电信网络中，输送的功率很小，不需要考虑效率问题，常设法使其达到匹配状态，从而使负载能获得最大功率。

例 2-24　在图 2-38 所示电路中，负载电阻 R_L 为多少时可获得最大功率？此最大功率值为多少？

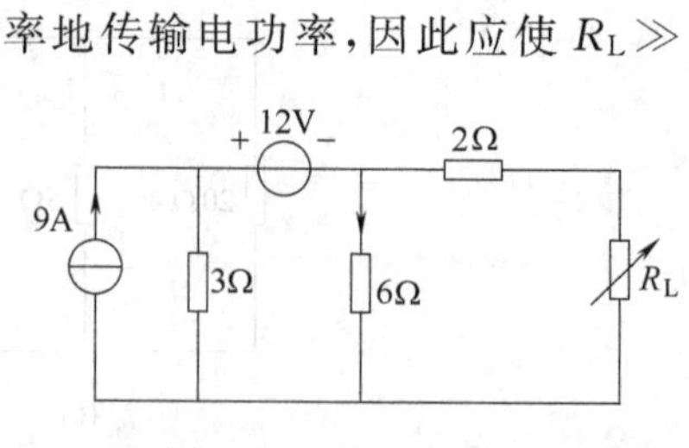

解：求从负载电阻两端向左看入的戴维宁等效电路。

图 2-38　例 2-24 图

$$U_{OC} = \frac{9 \times 3 - 12}{3 + 6} \times 6 = 10 \text{(V)}$$

短接 12V 电压源、开路 9A 电流源，则

$$R_0 = \frac{3 \times 6}{3+6} + 2 = 4(\Omega)$$

所以，当 $R_L = R_0 = 4\Omega$ 时，获得功率最大，且

$$P_{max} = \frac{U_{OC}^2}{4R_0} = \frac{10^2}{4 \times 4} = 6.25(W)$$

2.8 实践项目2：电阻的测量

1. 项目目的

（1）了解不同阻值电阻的测量方法。

（2）认识并学习旋钮电阻箱。

（3）练习使用万用表测量中值电阻。

（4）会用伏安法测电阻。

2. 仪器设备

（1）电阻箱：1个

（2）万用表：1块

（3）电流表：1块

（4）导线：若干

（5）直流电源：1个

3. 项目实施步骤

（1）用万用表测电阻

将万用表置于欧姆挡，选择合适的倍率。要注意，测量时，每换一个量程都要进行调零。分别测量电阻。将实验数据填入表2-1中。

表2-1 万用表测电阻

项　　目	$R_1 = 47\Omega$	$R_2 = 1\text{k}\Omega$
倍率挡		
面板读数		
电阻值/Ω		

（2）伏安法测电阻

① 按图 2-39 连接电路，图中电阻可取 47Ω、$1\text{k}\Omega$。

② 取 $R_1 = 47\Omega$ 时断开开关 S_1，闭合 S_2；分别测量直流稳压电源的输出电压；读取电流表和电压表的数据。

③ 取 $R_2 = 1\text{k}\Omega$，重复上述操作。

④ 将电流表和电压表计算出来的电阻值与电

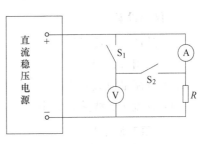

图 2-39 伏安法测电阻

阻的标称值比较(可验证欧姆定律),将结果记入表 2-2 中。

表 2-2　伏安法测得电阻值

被测电阻	开关位置	测 量 值		计算值 R/Ω	
		U/V	I/mA	$R=U/I$	平均值
$R_1=47\Omega$	断开 S_1 闭合 S_2				
	闭合 S_1 断开 S_2				
$R_2=1k\Omega$	断开 S_1 闭合 S_2				
	闭合 S_1 断开 S_2				

4. 注意事项

(1) 万用表欧姆挡每次更换量程都要进行调零。

(2) 万用表使用过后,应将转换开关置于交流电压最高挡或空挡上。

2.9　实践项目3:验证叠加定理

1. 项目目的

(1) 学习电压、电流的实际方向与参考方向的关系。

(2) 验证线性电路的叠加定理。

(3) 了解叠加定理的适用范围。

2. 仪器设备

(1) 晶体管直流稳压电源:1 台

(2) 万用表:1 块

(3) 直流电流表:1 块

(4) 直流实验线路板:1 块

3. 项目实施步骤

(1) 按图 2-40 所示的电路接线。

（2）调节稳压源输出电压 $U_{S1}=10V$，$U_{S2}=$ 10V。其中，$R_1=20\Omega$，$R_2=100\Omega$，$R_3=10\Omega$，$R_4=47\Omega$，$R_5=300\Omega$。

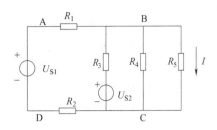

（3）在 U_{S1}、U_{S2} 共同作用下，分别测量 U_{AB}、U_{BC} 及回路电流 I。

（4）在电压源 U_{S1} 单独作用下（U_{S2} 从线路板取下，用一根导线代替），分别测量 U'_{AB}、U'_{BC} 及 I'。

图 2-40 叠加定理的电路图

（5）在电压源 U_{S2} 单独作用下，分别测量 U''_{AB}，U''_{BC} 及 I''，将数据填入表 2-3 中。

（6）自查数据是否合理。在误差允许范围内，U_{AB} 与 $U'_{AB}+U''_{AB}$，U_{BC} 与 $U'_{BC}+U''_{BC}$，I 与 $I'+I''$ 应近似相等。

（7）切断电源，拆除线路，将仪器摆放整齐。

4. 项目数据

实验测得数据见表 2-3。

表 2-3 实验测得数据

测 量 项 目	U_{AB}/V		U_{BC}/V		I/mA
U_{S1}，U_{S2} 同时作用	U_{AB}		U_{BC}		I
U_{S1} 单独作用	U'_{AB}		U'_{BC}		I'
U_{S2} 单独作用	U''_{AB}		U''_{BC}		I''

5. 项目结论

通过本次实验，可以得出_____的结论，这是符合叠加定理的。

6. 注意事项

（1）本次实验中，晶体管稳压电源可视作理想电压源，其内阻为零。因此当 U_{S1}（或 U_{S2}）单独作用时，应将 U_{S2}（或 U_{S1}）从线路板上移走，而在原接 U_{S2}（或 U_{S1}）处代之以一根导线。切不可将稳压电源正负极直接短路。

（2）测量时，要注意电压和电流的方向。将各个电源作用所产生的电流（电压）合成时，必须选择参考方向。当分量与总量的参考方向一致时，该分量取正，反之取负。

习 题 2

2-1 利用电源模型的等效变换，求图 2-41 所示电路的电流 I。

2-2 将图 2-42 所示电路化简为一个等效的电压源。

* 2-3 在如图 2-43 所示的电路中，(1)若 $R=2\Omega$，试求 U_1；(2)若 $U_1=4V$，试求 R。

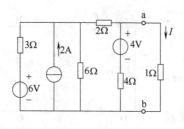

图 2-41 习题 2-1 图

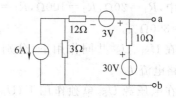

图 2-42 习题 2-2 图

2-4 图 2-44 所示的电路中,有源电阻网络 N_1 和 N_2 的电压电流关系分别为 $U_1=8I_1$ $+5$ 及 $U_2=2I_2+3$。试求电流 I。

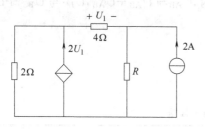

图 2-43 习题 2-3 图

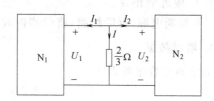

图 2-44 习题 2-4 图

2-5 试求图 2-45 所示的电路中支路电流 I。已知 $I_S=6A$,$R_1=1\Omega$,$R_2=2\Omega$,$R_3=1\Omega$,$R_4=2\Omega$。

*2-6 用叠加定理求图 2-46 所示电路中的电流 I。

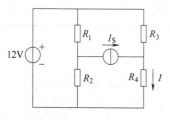

图 2-45 习题 2-5 图

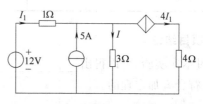

图 2-46 习题 2-6 图

2-7 用叠加定理求图 2-47 所示电路中的电压 U,然后求电流源的功率。

*2-8 用叠加定理求图 2-48 所示电路中的电流 I。

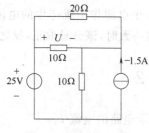

图 2-47 习题 2-7 图

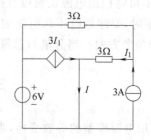

图 2-48 习题 2-8 图

*2-9 用叠加定理求图 2-49 所示电路中的电流 I。

2-10 图 2-50 所示电路中,N_0 为不含独立源的线性网络。当 $U_S=3V$,$I_S=6A$ 时,$U=$ 4V;当 $U_S=1V$,$I_S=1A$ 时,$U=1V$。则当 $U_S=0V$,$I_S=2A$ 时,求 U。当 $U_S=2V$,$I_S=0A$ 时,U。

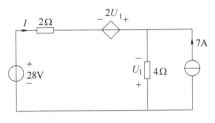

图 2-49 习题 2-9 图

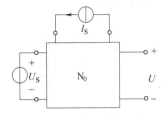

图 2-50 习题 2-10 图

2-11 用戴维宁定理求图 2-51 所示电路中 2Ω 电阻的电流 I。

* 2-12 求图 2-52 所示二端网络的戴维宁等效电路。

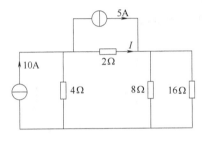

图 2-51 习题 2-11 图

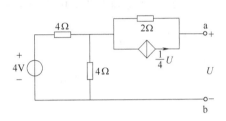

图 2-52 习题 2-12 图

* 2-13 用戴维宁定理求图 2-53 所示电路中的电流 I。

* 2-14 求图 2-54 所示二端网络的 U 和 I 的关系。

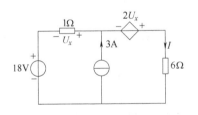

图 2-53 习题 2-13 图

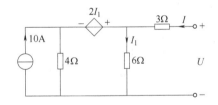

图 2-54 习题 2-14 图

* 2-15 求图 2-55 所示二端网络的输入电阻 R_{in}。

* 2-16 图 2-56 所示电路中,要使 a、b 端的输入电阻 $R_{ab}=0$,K 值应为多少?

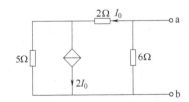

图 2-55 习题 2-15 图

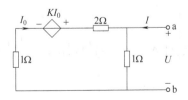

图 2-56 习题 2-16 图

* 2-17　求图 2-57 所示电路中电阻 R 所能获得的最大功率。

* 2-18　为使图 2-58 所示电路的电阻 R 获得最大功率，R 应满足的条件是什么？求 R 获得的最大功率。

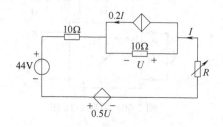

图 2-57　习题 2-17 图

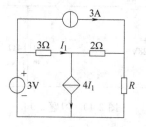

图 2-58　习题 2-18 图

* 2-19　用戴维宁定理求图 2-59 所示电路中的电流 I。

2-20　用诺顿定理求图 2-60 所示电路中 10Ω 电阻的电流 I。

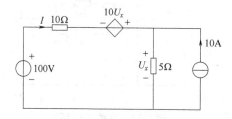

图 2-59　习题 2-19 图

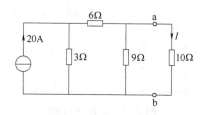

图 2-60　习题 2-20 图

* 2-21　求图 2-61 所示二端网络的诺顿等效电路。

* 2-22　求图 2-62 所示含源二端网络的输入电阻 R_{in}。

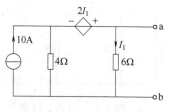

图 2-61　习题 2-21 图

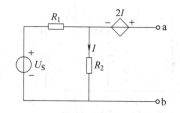

图 2-62　习题 2-22 图

2-23　画出图 2-63 所示电路的戴维宁等效电路。

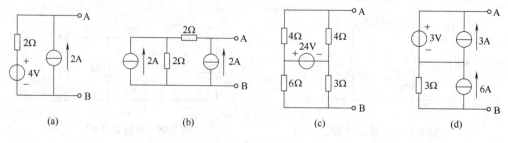

(a)　　　　　(b)　　　　　(c)　　　　　(d)

图 2-63　习题 2-23 图

2-24 利用戴维宁定理求图 2-64 所示电路中的 I,已知 $I_S=30A$,$R_1=2\Omega$,$R_2=12\Omega$,$R_3=6\Omega$,$R_4=4\Omega$,$R=5.5\Omega$。

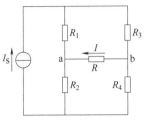

图 2-64 习题 2-24 图

测 验 2

1. 电流为 5A,内阻为 2Ω 的电流源变换成一个电压源时,电压源的电动势和内阻为（　　　）。

　　A. 10V,2Ω　　　　　B. 2.5V,2Ω　　　　　C. 0.4V,2Ω　　　　　D. 4V,2Ω

2. 一个电流源的内阻为 2Ω,当把它等效变换成 10V 的电压源时,电流源的电流是（　　　）。

　　A. 5A　　　　　　　B. 2A　　　　　　　C. 10A　　　　　　　D. 2.5A

3. 任何一个含源二端网络都可以用一个理想电压源与一个电阻（　　　）来代替。

　　A. 串联　　　　　B. 并联　　　　　　C. 串联或并联　　　　　D. 随意联接

4. 一个含源二端网络测得其短路电流是 4A,若把它等效为一个电源,电源的内阻为 2.5Ω,电动势为（　　　）。

　　A. 10V　　　　　　B. 5V　　　　　　　C. 1V　　　　　　　D. 2V

5. 一个含源二端网络测得其开路电压为 10V,短路电流是 5A。若把它用一个电源来代替,电源内阻为（　　　）。

　　A. 1Ω　　　　　　B. 10Ω　　　　　　C. 5Ω　　　　　　D. 2Ω

6. 电路如图 2-65 所示,U_S 单独作用时,AB 两点开路电压 U_{AB} 为（　　　）。

　　A. 4.5V　　　　　B. 3V　　　　　　C. 1.5V　　　　　D. 10V

7. 应用戴维宁定理分析含源二端网络的目的是（　　　）。

　　A. 求电压　　　　　　　　　　B. 求电流

　　C. 求电动势　　　　　　　　　D. 用等效电源代替二端网络

8. 图 2-66 所示为某电源的伏安特性,由图可知其 U_S 为（　　　）。

　　A. 5V　　　　　　B. 10V　　　　　　C. 0.5V　　　　　　D. 2V

9. 用具有较大内阻的电压表测出实际电源的端电压为 6V,则该电源的开路电压应为（　　　）。

　　A. $U_{OC}>6V$　　　　B. $U_{OC}<6V$　　　　C. $U_{OC}=6V$　　　　D. 不能确定

*10. 图 2-67 所示的电路中,负载电阻 R 可获得最大功率时 R 的大小为（　　　）。

A. 20Ω　　　　　B. 10Ω　　　　　C. 5Ω　　　　　D. 4Ω

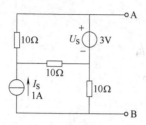

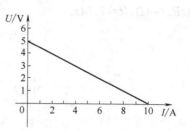

图 2-65　测验题 6 图　　　　　　　图 2-66　测验题 8 图

11. 图 2-68 所示电路中,有源电阻网络 N_{S1} 和 N_{S2} 的电压电流关系分别为 $U_1 = 8I_1 + 5$ 及 $U_2 = 2I_2 + 3$。则电流 I_2 是(　　　)。

A. 0.1A　　　　　B. 0.2A　　　　　C. 0.3A　　　　　D. 0.4A

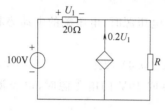

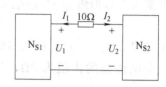

图 2-67　测验题 10 图　　　　　　图 2-68　测验题 11 图

12. 图 2-69 所示电路中,为使负载电阻 R_L 获得最大功率,电阻 R_0 应满足的条件是(　　　)。

A. $R_0 = R_L$　　　　B. $R_0 = \infty$　　　　C. $R_0 = 0$　　　　D. $R_0 = \dfrac{1}{2}R_L$

* 13. 图 2-70 所示二端网络的输入电阻为(　　　)。

A. 4Ω　　　　　B. −2Ω　　　　　C. 3Ω　　　　　D. $\dfrac{1}{3}$ Ω

14. 图 2-71 所示有源二端电阻网络 N_S 外接电阻 R 为 12Ω 时,$I=2A$;R 短路时,$I=5A$。则当 R 为 24Ω 时 I 为(　　　)。

A. 4A　　　　　B. 2.5A　　　　　C. 1.25A　　　　　D. 1A

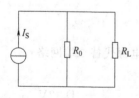

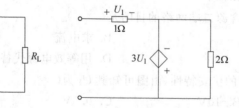

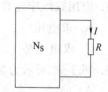

图 2-69　测验题 12 图　　　图 2-70　测验题 13 图　　　图 2-71　测验题 14 图

15. 图 2-72 所示电路中的 acb 支路用(　　　)图支路替代,而不会影响电路其他部分的电流和电压。

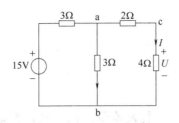

图 2-72　测验题 15 图

16. 图 2-73 所示电路中的 U_{ab} 为（　　　）。

　　A. 40V　　　　　B. 60V　　　　　C. −40V　　　　　D. −60V

17. 图 2-74 所示电路中,通过电压源的电流 I 等于（　　　）。

　　A. 2A　　　　　B. 4A　　　　　C. 0　　　　　D. −4A

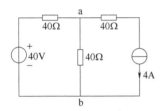

图 2-73　测验题 16 图

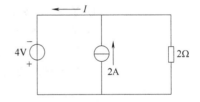

图 2-74　测验题 17 图

3 模·块

网络方程分析法

学习目标

(1) 掌握基尔霍夫定律;

(2) 掌握支路电流法;

(3) 了解 2b 方程法;

(4) 了解节点分析法;

(5) 了解网孔电流法;

(6) 了解回路分析法。

3.1 基尔霍夫定律

(1) 支路:由一个或几个元件首尾依次相连构成的无分支电路。一条支路中流过同样大小的电流,称为支路电流。

(2) 节点:电路中 3 条或 3 条以上支路的联接点。

(3) 回路:电路中任一闭合的路径。回路内部不含支路的称为网孔。

图 3-1 所示电路有 3 条支路、2 个节点、3 个回路、2 个网孔。

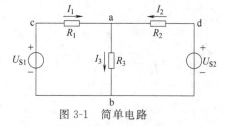

图 3-1　简单电路

3.1.1 基尔霍夫电流定律(KCL)

表述 1:在任一瞬时,流入任一节点的电流之和必定等于从该节点流出的电流之和。所有电流均为正。

$$\sum I_{入} = \sum I_{出} \tag{3-1}$$

表述2:在任一瞬时,通过任一节点电流的代数和恒等于零。

$$\sum I = 0 \tag{3-2}$$

可假定流入节点的电流为正,流出节点的电流为负;也可以作相反的假定。KCL 通常用于节点,但是对于包围几个节点的闭合面也是适用的。

例 3-1 列出图 3-2 所示电路中各节点的 KCL 方程。

解:取流入为正。

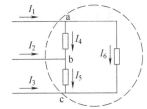

节点 a: $\qquad I_1 - I_4 - I_6 = 0$

节点 b: $\qquad I_2 + I_4 - I_5 = 0$

节点 c: $\qquad I_3 + I_5 + I_6 = 0$

以上三式相加: $\qquad I_1 + I_2 + I_3 = 0$

图 3-2   例 3-1 图

3.1.2 基尔霍夫电压定律(KVL)

表述1:在任一瞬时,在任一回路上的电位升之和等于电位降之和。所有电压均为正。

$$\sum U_{升} = \sum U_{降} \tag{3-3}$$

表述2:在任一瞬时,沿任一回路电压的代数和恒等于零。

$$\sum U = 0 \tag{3-4}$$

电压参考方向与回路绕行方向一致时取正号,相反时取负号。

对于电阻电路,回路中电阻上电压降的代数和等于回路中的电压源电压的代数和。

$$\sum IR = U_S \tag{3-5}$$

在运用时,电流参考方向与回路绕行方向一致时 IR 前取正号,相反时取负号;电压源电压方向与回路绕行方向一致时 U_S 前取负号,相反时取正号。

对于电阻电路,在任一瞬时,沿任一回路电压的代数和恒等于零。

$$\sum (IR + U_S) = 0 \tag{3-6}$$

在运用时,电流参考方向与回路绕行方向一致时 IR 前取正号,相反时取负号;电压源电压方向与回路绕行方向一致时 U_S 前取正号,相反时取负号。

KVL 通常用于闭合回路,但也可推广应用到任一不闭合的电路上。

例 3-2 列出图 3-3 所示电路的 KVL 方程。

解:
$$U_{ab} + U_{S3} + I_3 R_3 - I_2 R_2 - U_{S2} - I_1 R_1 - U_{S1} = 0$$

例 3-3 如图 3-4 所示电路,已知 $U_1 = 5V$,$U_3 = 3V$,$I = 2A$,求 U_2、I_2、R_1、R_2 和 U_S。

解:
$$I_2 = \frac{U_3}{2} = \frac{3}{2} = 1.5(A)$$

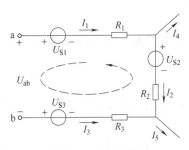

图 3-3   例 3-2 图

$$U_2 = U_1 - U_3 = 5 - 3 = 2 \, (V)$$

$$R_2 = \frac{U_2}{I_2} = \frac{2}{1.5} = 1.33 \, (\Omega)$$

$$I_1 = I - I_2 = 2 - 1.5 = 0.5 \, (A)$$

$$R_1 = \frac{U_1}{I_1} = \frac{5}{0.5} = 10 \, (\Omega)$$

$$U_S = U + U_1 = 2 \times 3 + 5 = 11 \, (V)$$

例 3-4　如图 3-5 所示电路，已知 $U_{S1} = 12V, U_{S2} = 3V, R_1 = 3\Omega, R_2 = 9\Omega, R_3 = 10\Omega$，求 U_{ab}。

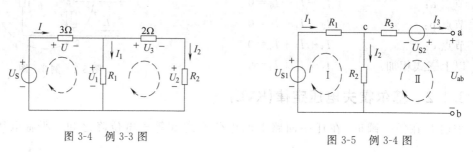

图 3-4　例 3-3 图　　　　　　　　　　图 3-5　例 3-4 图

解：由 KCL 可得　　　　　　$I_3 = 0, \quad I_1 = I_2$

由 KVL 可得　　　　　　$I_1 R_1 + I_2 R_2 = U_{S1}$

解得：
$$I_2 = I_1 = \frac{U_{S1}}{R_1 + R_2} = \frac{12}{3+9} = 1 \, (A)$$

由 KVL 可得：
$$U_{ab} - I_2 R_2 + I_3 R_3 - U_{S2} = 0$$

解得：
$$U_{ab} = I_2 R_2 - I_3 R_3 + U_{S2}$$
$$= 1 \times 9 - 0 \times 10 + 3$$
$$= 12 \, (V)$$

3.2　支路电流法

支路电流法是以支路电流为未知量，直接应用 KCL 和 KVL，分别对节点和回路列出所需的方程式，然后联立求解出各未知电流的方法。

用支路电流法求解电路的步骤如下。

（1）先找出电路中一共有几条支路，然后设每个支路电流为未知量，并在相应的支路处标出各个电流。

（2）然后标出电路中的节点，根据 KCL 列写出节点电流方程。

（3）找出电路中的网孔（独立回路），并且标出网孔的绕行方向，然后根据 KVL 列出回路电压方程。

注：一个具有 b 条支路、n 个节点的电路，根据 KCL 可列出 $(n-1)$ 个独立的节点电流方程式，根据 KVL 可列出 $b-(n-1)$ 个独立的回路电压方程式。

（4）将（2）、（3）步骤中列出的方程组成一个方程组，求解出各支路电流。

例 3-5 如图 3-6 所示电路，根据支路电流法列出方程。

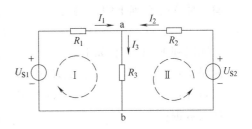

图 3-6 例 3-5 图

解：

（1）支路数 $b=3$，支路电流有 I_1、I_2、I_3 三个。

（2）节点数 $n=2$，可列出 $2-1=1$ 个独立的 KCL 方程。

节点 a：
$$I_1+I_2-I_3=0$$

（3）独立的 KVL 方程数为 $3-(2-1)=2$ 个。

回路 I：
$$I_1R_1+I_3R_3=U_{S1}$$
回路 II：
$$I_2R_2+I_3R_3=U_{S2}$$

例 3-6 如图 3-7 所示电路，用支路电流法求各支路电流及各元件功率。

解：求 2 个电流变量 I_1 和 I_2，只需列 2 个方程。

对节点 a 列 KCL 方程：
$$I_2=2+I_1$$

对图示回路列 KVL 方程：
$$5I_1+10I_2=5$$

解得：$I_1=-1\text{A}$，$I_2=1\text{A}$。

$I_1<0$ 说明其实际方向与图示方向相反。

各元件的功率：5Ω 电阻的功率为 $P_1=5I_1^2=5\times(-1)^2=5(\text{W})$；10Ω 电阻的功率为 $P_2=10I_2^2=10\times1^2=10(\text{W})$；5V 电压源的功率为 $P_3=-5I_1=-5\times(-1)=5(\text{W})$。

因为 2A 电流源与 10Ω 电阻并联，故其两端的电压为 $U=10I_2=10\times1=10(\text{V})$，功率为
$$P_4=-2U=-2\times10=-20(\text{W})$$

由以上的计算可知，2A 电流源发出 20W 功率，其余 3 个元件总共吸收的功率也是 20W，可见电路功率平衡。

例 3-7 试用支路电流法求两台直流发电机并联电路中的负载电流 I 及每台发电机的输出电流 I_1 和 I_2，如图 3-8 所示。已知 $R_1=1\Omega$，$R_2=0.6\Omega$，$R=24\Omega$，$U_{S1}=130\text{V}$，$U_{S2}=117\text{V}$。

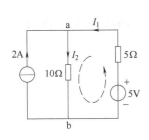

图 3-7 例 3-6 图

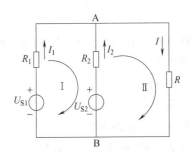

图 3-8 例 3-7 图

解：对节点 A 列 KCL 方程：

$$I_1 + I_2 - I = 0$$

对回路列 KVL 方程如下。

回路 I：$\quad\quad I_1 R_1 - I_2 R_2 + U_{S2} - U_{S1} = 0$

回路 II：$\quad\quad I_2 R_2 + I R - U_{S2} = 0$

代入数据得：

$$I_1 + I_2 - I = 0, \quad I_1 - 0.6 I_2 + 117 - 130 = 0, \quad 0.6 I_2 + 24 I - 117 = 0$$

解得支路电流：$I_1 = 10\text{A}, I_2 = -5\text{A}, I = 5\text{A}$。

例 3-8　如图 3-9 所示为一电桥电路，求通过对角线 BD 支路的电流 I_5。

解：对节点 A：$\quad\quad I - I_1 - I_3 = 0$

对节点 B：$\quad\quad I_1 - I_2 - I_5 = 0$

对节点 C：$\quad\quad I_2 + I_4 - I = 0$

回路 I：$\quad\quad I_3 R_3 + I_4 R_4 - U_S = 0$

回路 II：$\quad\quad I_1 R_1 + I_5 R_5 - I_3 R_3 = 0$

回路 III：$\quad\quad I_2 R_2 - I_4 R_4 - I_5 R_5 = 0$

代入数据解得：$\quad\quad I_5 = -35.3\text{mA}$

例 3-9　电路如图 3-10 所示，已知：$R_1 = 10\Omega, R_2 = 20\Omega, U_{S1} = 10\text{V}, U_{S2} = 20\text{V}, I_{S3} = 4\text{A}$。用支路法求解各支路电流。

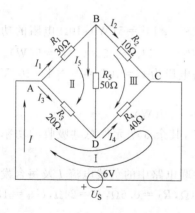

图 3-9　例 3-8 图

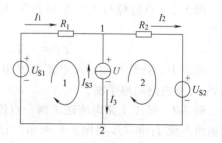

图 3-10　例 3-9 图

解：设支路电流 I_1、I_2、I_3 及电流源端电压 U 的参考方向如图 3-10 所示。

节点 1：$\quad\quad -I_1 + I_2 + I_3 = 0$

回路 1：$\quad\quad 10 I_1 + U_2 - 10 = 0$

回路 2：$\quad\quad 20 I_2 - U + 20 = 0$

补充一个辅助方程　$\quad I_3 = -I_{S3} = -4\text{A}$

联立求解，得 $I_1 = -3\text{A}, I_2 = 1\text{A}, I_3 = -4\text{A}$。

支路电流 I_1、I_3 为负，说明电流的实际方向与参考方向相反。

3.3 2b 方程法

基本思路:以支路电流和支路电压为电路变量,列写支路电压电流方程、KCL 方程、KVL 方程,联立求解。

设电路为 n 个节点、b 条支路,则支路电压电流方程为 b 个;独立 KCL 方程为 $n-1$ 个;独立 KVL 方程为 $b-(n-1)$ 个,总数为 $2b$ 个,所以称为 2b 方程法。

*3.4 节点分析法

基本思路:以节点电压为电路变量,列写独立节点的 KCL 方程,同时根据 VCR 用节点电压表示支路电流,代入 KCL 方程中,得到节点电压方程组。求解出节点电压,由此可进一步求得其他电量。

参考节点:电路中任意选择的一个非独立节点。

节点电压:电路中任选一节点作为参考节点,其余各节点(称为独立节点)与参考节点之间的电压称为节点电压。其参考方向规定为由独立节点指向参考节点。

节点电压法:以节点电压为求解电路的未知变量,利用基尔霍夫电流定律列出相应独立节点方程,进而求解电路的方法。

3.4.1 节点电压方程式的一般形式

图 3-11 所示电路为具有 4 个节点的电路,下面说明用节点电压法进行电路分析的方法和求解步骤,导出节点电压方程的一般形式。

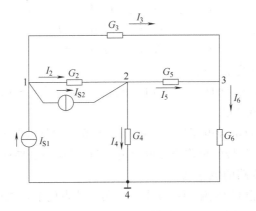

图 3-11 节点电压法用图

首先,选择节点 4 为参考节点。设节点 1 的电压为 U_1、节点 2 的电压为 U_2,节点 3 的电压为 U_3,各支路电流及参考方向见图中的标示。应用基尔霍夫电流定律,对节点 1、节点 2、节点 3 分别列写节点电流方程如下。

节点 1:
$$-I_{S1}+I_{S2}+I_2+I_3=0$$

节点 2：$\qquad -I_{S2}-I_2+I_4+I_5=0$

节点 3：$\qquad I_3-I_5+I_6=0$

用节点电压表示支路电流：

$I_2=G_2(U_1-U_2)$，$I_3=G_3(U_1-U_3)$，$I_4=G_4U_2$，$I_5=G_5(U_2-U_3)$，$I_6=G_6U_3$

代入节点 1、2、3 的电流方程，得到

节点 1 $\qquad -I_{S1}+I_{S2}+G_2(U_1-U_2)+G_3(U_1-U_3)=0$

节点 2 $\qquad -I_{S2}-G_2(U_1-U_2)+G_4U_2+G_5(U_2-U_3)=0$

节点 3 $\qquad G_3(U_1-U_3)-G_5(U_2-U_3)+G_6U_3=0$

整理后可得

节点 1 $\qquad (G_2+G_3)U_1-G_2U_2-G_3U_3=I_{S1}-I_{S2}$

节点 2 $\qquad -G_3U_1+(G_2+G_4+G_5)U_2-G_5U_3=I_{S2}$

节点 3 $\qquad -G_3U_1-G_5U_2+(G_3+G_5+G_6)U_3=0$

令 $G_{11}=(G_2+G_3)$ 表示与节点 1 相联接的各支路的电导之和，称为节点 1 的自电导。同理，节点 2、节点 3 的自电导 $G_{22}=(G_2+G_4+G_5)$、$G_{33}=(G_3+G_5+G_6)$。令 $G_{12}=-G_2$ 为联接节点 1 和节点 2 之间支路的电导之和，称为节点 1 和节点 2 间的互电导；$G_{13}=-G_3$ 表示节点 1 和节点 3 之间支路的电导之和，为节点 1 和节点 3 间的互电导。在选节点电压参考方向总是由非参考节点指向参考节点时，各节点的自电导总是正值，而互电导总为负值。

注意：电流源支路的电导无须考虑。

令 $I_{S11}=I_{S1}-I_{S2}$，$I_{S22}=I_{S2}$，$I_{S33}=0$ 分别表示流向节点 1、2、3 的理想电流源电流的代数和，流入节点的电流取"+"；流出节点的取"-"。

根据以上的分析，节点电压方程为：

$$G_{11}U_1+G_{12}U_2+G_{13}U_3=I_{S11}$$
$$G_{21}U_1+G_{22}U_2+G_{23}U_3=I_{S22}$$
$$G_{31}U_1+G_{32}U_2+G_{33}U_3=I_{S33}$$

分析时要注意以下几个方面。

(1) 方程组左边取正号的项称为自电导电流项，对应的电导称为自电导，它为与本节点相联的各支路的电导之和。

$$自电导电流项=自电导\times 本节点的节点电压$$

(2) 方程组左边取负号的项称为互电导电流项，对应的电导称为互电导，它为本节点与另一节点相联的各支路的电导之和。

$$互电导电流项=互电导\times 另一节点的节点电压$$

(3) 方程组右边称为等效电流源，是流入本节点电流源的代数和，流入取"+"，流出取"-"。

(4) 设电路有 n 个节点，其节点电压方程的一般形式为：

$$G_{11}U_1+G_{12}U_2+\cdots+G_{1(n-1)}U_{(n-1)}=I_{S11}$$
$$G_{21}U_1+G_{22}U_2+\cdots+G_{2(n-1)}U_{(n-1)}=I_{S22} \qquad (3\text{-}7)$$
$$\vdots$$

$$G_{(n-1)1}U_1+G_{(n-2)2}U_2+\cdots+G_{(n-1)(n-1)}U_{(n-1)}=I_{S(n-1)(n-1)}$$

式中，G_{11}、G_{22}、$\cdots$、$G_{(n-1)(n-1)}$ 为自电导，恒取正；其他电导均为互电导，恒取负；I_{S11}、I_{S22}、$\cdots$、$I_{S(n-1)(n-1)}$ 为流入各节点的电流源电流代数和，流入取正，流出取负。

在不含受控源的电路中，互电导满足：$G_{ij}=G_{ji}(i\neq j)$。

（5）利用上述规律可以直接列写节点电压方程。

综上所述，采用节点电压法对电路进行求解时，可以根据节点电压方程的一般形式直接写出电路的节点电压方程。其步骤如下。

（1）指定参考节点和节点电压。

（2）按照节点电压方程的一般形式，根据实际电路直接列出各节点的电压方程。

（3）联立求解，解出各节点电压，进而求出其他电压和电流。

例 3-10　在图 3-12 所示电路中，已知 $R_1=4\Omega$，$R_2=3\Omega$，$R_3=2\Omega$，$R_4=42\Omega$，$I_{S1}=9\text{A}$，$U_{S2}=48\text{V}$。用节点电压法求各支路电流。

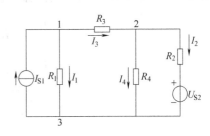

图 3-12　例 3-10 图

解：（1）选节点 3 为参考节点。设节点 1 的电压为 U_1，节点 2 的电压为 U_2；

（2）求各节点的自电导、互电导、等效电流源为：

$$G_{11}=\left(\frac{1}{4}+\frac{1}{2}\right)\text{S}=\frac{3}{4}\text{S}, \quad G_{12}=-\frac{1}{2}\text{S}$$

$$G_{21}=-\frac{1}{2}\text{S}, \quad G_{22}=\left(\frac{1}{2}+\frac{1}{42}+\frac{1}{3}\right)\text{S}=\frac{6}{7}\text{S}$$

$$I_{S11}=I_{S1}=9(\text{A}), \quad I_{S22}=\frac{48}{3}=16(\text{A})$$

（3）节点方程为：

$$\frac{3}{4}U_1-\frac{1}{2}U_2=9, \quad -\frac{1}{2}U_1+\frac{6}{7}U_2=16$$

联立求解，得 $U_1=40\text{V}$，$U_2=42\text{V}$。

由图 3-12 可得各支路电流为

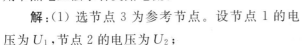
$$I_1=G_1U_1=\frac{1}{4}\times U_1=\frac{1}{4}\times40=10(\text{A}), \quad I_2=G_2(U_2-U_{S2})=\frac{1}{3}\times(42-48)=-2(\text{A})$$

$$I_3=G_3(U_1-U_2)=\frac{1}{2}(40-42)=-1(\text{A}), \quad I_4=G_4U_2=\frac{42}{42}=1(\text{A})$$

对只有两个节点的电路，可用弥尔曼公式直接求出两节点间的电压。

弥尔曼公式：
$$U=\frac{\sum\dfrac{U_S}{R}+\sum I_S}{\sum\dfrac{1}{R}}$$

式中，分母的各项总为正。分子中各项的正负符号为：电压源 U_S 的参考方向与节点

电压 U 的参考方向相同时取正号,反之取负号;电流源 I_S 的参考方向与节点电压 U 的参考方向相反时取正号,反之取负号。

例 3-11   如图 3-13 所示电路,用节点法求各支路电流。

解:

$$U=\frac{\dfrac{U_{S1}}{R_1}-\dfrac{U_{S2}}{R_2}+I_S}{\dfrac{1}{R_1}+\dfrac{1}{R_2}+\dfrac{1}{R_3}}=\frac{\dfrac{6}{1}-\dfrac{8}{6}+0.4}{\dfrac{1}{1}+\dfrac{1}{6}+\dfrac{1}{10}}=4(V)$$

求出 U 后,可用欧姆定律求各支路电流。

$$I_1=\frac{U_{S1}-U}{R_1}=\frac{6-4}{1}=2(A)$$

$$I_2=\frac{U_{S2}-U}{R_2}=\frac{-8-4}{6}=-2(A)$$

$$I_3=\frac{U}{R_3}=\frac{4}{10}=0.4(A)$$

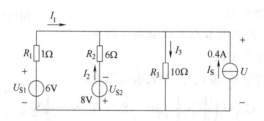

图 3-13   例 3-11 图

3.4.2   含有理想电压源支路的处理方法

如果在电路中含有理想电压源支路,可先设电压源的电流已知,再按节点法列写相关方程,最后补充一个电压源电压与节点电压的辅助方程。

例 3-12   在图 3-14 所示电路中,已知:$R_1=2\Omega$,$R_2=1\Omega$,$R_3=2\Omega$,$R_4=1\Omega$,$I_S=4A$,$U_S=2V$。试求电流源两端的电压 U_{IS} 和电压源支路的电流 I_{US}。

解:

(1) 设电压源电流为 I_{US},电流源两端的电压为 U_{IS},节点 1 的电压为 U_1,节点 2 的电压为 U_2,节点 4 的电压为 U_4。本方法中选节点 3 为参考节点。各节点的电压方程如下。

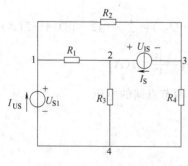

图 3-14   例 3-12 图

节点 1: $\left(\dfrac{1}{1}+\dfrac{1}{2}\right)U_1-\dfrac{1}{2}U_2=-I_{US}$

节点 2: $-\dfrac{1}{2}U_1+\left(\dfrac{1}{2}+\dfrac{1}{2}\right)U_2-\dfrac{1}{2}U_4=I_S$

节点 4: $-\dfrac{1}{2}U_2+\left(\dfrac{1}{2}+\dfrac{1}{1}\right)U_4=I_{US}$

辅助方程：$\qquad U_1-U_4=2$

（2）联立求解，得：$U_1=3\text{V};U_2=6\text{V};U_4=1\text{V}$.

电压源电流为：$\qquad I_{\text{US}}=1.5\text{A}$

电流源两端电压：$\qquad U_{\text{IS}}=U_2=6\text{V}$

例 3-13 如图 3-15 所示电路，用节点法求 I_x。

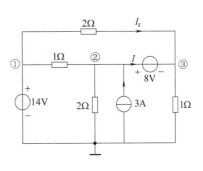

解：$n=4$，共有三个独立节点，三个电源中有两个理想电压源。遇到含有理想电压源电路时，常选某一理想电压源的一端为参考节点，现选 14V 理想电压源的负极端为参考节点，并标出独立节点序号，在节点②与③之间为 8V 理想电压源，可增设此支路电流 I 为未知数，现以 U_1、U_2、U_3 和 I 为未知数列方程。

图 3-15　例 3-13 图

$$U_1=14\text{V}(节点电压为理想电压源电压)$$

$$-1U_1+(1+0.5)U_2+I=3,\quad -0.5U_1+(1+0.5)U_3-I=0$$

节点②、③之间电压关系 $U_2-U_3=8(\text{V})$。

解得 $U_1=14\text{V},U_2=12\text{V},U_3=4\text{V},I=-1\text{A}$。

$$I_x=\frac{U_1-U_3}{2}=\frac{10}{2}=5(\text{A})$$

3.4.3　含受控源电路的分析

如果电路中含有受控源，则可先将受控源像独立源一样看待，按节点法列写相关方程，最后补充一个控制量与相关节点电压的辅助方程。

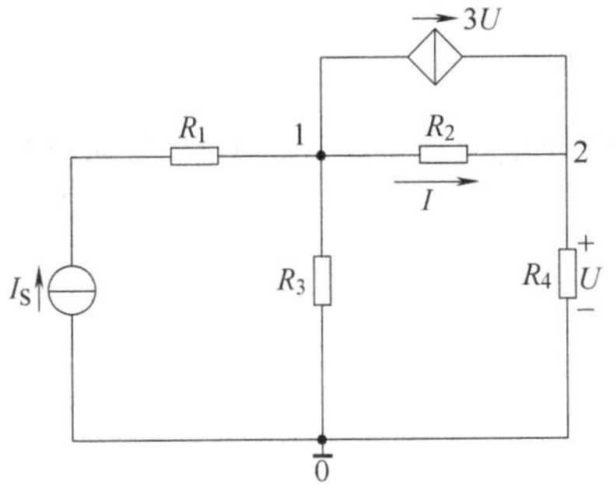

例 3-14 在图 3-16 所示电路中，已知 $R_1=1\Omega,R_2=2\Omega,R_3=4\Omega,R_4=1\Omega,I_S=4\text{A}$，求电流 I。

解：

（1）电路中含有受控源，先将其看作独立源，以 0 点参考点，节点 1、节点 2 的电压分别为 U_1、U_2。节点方程如下。

节点 1：$\qquad\left(\dfrac{1}{4}+\dfrac{1}{2}\right)U_1-\dfrac{1}{2}U_2=2-3U$

节点 2：$\qquad -\dfrac{1}{2}U_1+\left(\dfrac{1}{2}+\dfrac{1}{1}\right)U_2=3U$

图 3-16　例 3-14 图

辅助方程：$\qquad\qquad\qquad\qquad U=U_2$

（2）联立求解得：$U_1=-24\text{V},U_2=8\text{V},I=\dfrac{U_1-U_2}{2}=-16(\text{A})$。

例 3-15 用节点法求图 3-17 所示电路中的 U 和 I。

解：将电流控制电流源看作独立电流源，列写节点①的节点方程。

$$\left(1+\frac{1}{3}\right)U_1=\frac{6}{1}+4-\frac{2}{3}I$$

用节点电压表示控制量 I，有

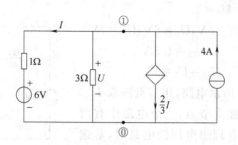

图 3-17 例 3-15 图

$$I=1\times(U_1-6)=U_1-6$$

以上两式联立求解,可得

$$U_1=7V, \quad I=1A$$
$$U=U_1=7V$$

例 3-16 用节点法求图 3-18 所示电路的各节点电压。

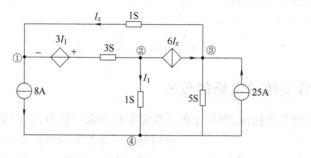

图 3-18 例 3-16 图

解:设节点④为参考节点。将受控电压源 $3I_1$ 和受控电流源 $6I_x$ 分别看作实际电压源和电流源,对节点分别列方程。

$$4U_1-3U_2-1\times U_3=-8-9I_1$$
$$-3U_1+4U_2=9I_1-6I_x$$
$$-1\times U_1+6U_3=25+6I_x$$

I_1 和 I_x 与节点电压的关系为

$$I_1=1\times U_2$$
$$I_x=1\times(U_3-U_1)$$

联立求解,可得

$$U_1=5V, \quad U_2=-3.968V, \quad U_3=4.192V$$

*3.5 网孔电流法

基本思路:选择网孔电流为电路变量,对各网孔列写 KVL 方程,同时根据 VCR 将元件电压用网孔电流表示代入 KVL 方程中,得到网孔电流方程组,求解得到网孔电流,再由此求得电路中其他的量。

对于有 n 个节点 b 条支路的电路,独立的 KVL 方程数为 $b-(n-1)$。对于平面电路,对各网孔列写的 KVL 方程,即为一组独立方程。

3.5.1 网孔电流方程的一般形式

假想在每一个网孔内流动一个电流,以网孔电流为未知量,利用基尔霍夫电压定律列写网孔电压方程,进行网孔电流的求解。然后再根据电路的要求,进一步求出待求量。

网孔电流是一个假想沿着各自网孔内循环流动的电流,如图 3-19 所示。虽然它是不存在的,但很有用。设网孔 1、2、3 的网孔电流分别为 I_{m1}、I_{m2}、I_{m3}。由图 3-19 可知,网孔电流与支路电流有以下关系。

$I_1=I_{m1}$,　$I_2=I_{m2}$,　$I_3=I_{m3}$,

$I_4=I_{m1}-I_{m2}$,　$I_5=I_{m3}-I_{m2}$,

$I_6=I_{m1}-I_{m3}$

用网孔电流代替支路电流列出各网孔电压方程:

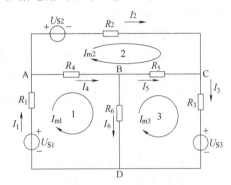

图 3-19　网孔分析法用图

网孔 1　　$R_1 I_{m1}+R_4(I_{m1}-I_{m2})+R_6(I_{m1}-I_{m3})=U_{S1}$

网孔 2　　$R_2 I_{m2}-R_4(-I_{m2}+I_{m1})+R_5(I_{m2}-I_{m3})=-U_{S2}$

网孔 3　　$-R_6(I_{m1}-I_{m3})+R_3 I_{m3}+R_5(-I_{m2}+I_{m3})=-U_{S3}$

将网孔电压方程进行整理,则

网孔 1　　$(R_1+R_4+R_6)I_{m1}-R_4 I_{m2}-R_6 I_{m3}=U_{S1}$

网孔 2　　$-R_4 I_{m1}+(R_2+R_4+R_5)I_{m2}-R_5 I_{m3}=-U_{S2}$

网孔 3　　$-R_6 I_{m1}-R_5 I_{m2}+(R_3+R_5+R_6)I_{m3}=-U_{S3}$

分析上述电压方程可知:令网孔 1 中电阻之和 $(R_1+R_4+R_6)=R_{11}$,网孔 2 中电阻之和 $(R_2+R_4+R_5)=R_{22}$,网孔 3 中电阻之和 $(R_3+R_5+R_6)=R_{33}$,则 R_{11}、R_{22}、R_{33} 分别为对应网孔的自电阻。用 R_{12} 表示网孔 1 与网孔 2 公共支路上的电阻,R_{13} 表示网孔 1 与网孔 3 公共支路上的电阻,它们称为网孔间的互电阻,其余的互电阻分别为 R_{21}、R_{23}、R_{31}、R_{32}。

由于一般选取绕行方向与网孔电流方向一致,所以自电阻总是正的。当流过网孔间公共支路的两个网孔电流参考方向一致时,互电阻取正;否则取负。

令 $U_{S11}=U_{S1}$、$U_{S22}=-U_{S2}$、$U_{S33}=-U_{S3}$ 分别表示网孔 1、网孔 2、网孔 3 中理想电压源的代数和。当电压源电压的参考方向与网孔电流的参考方向一致时取正号"+";否则取负号"-"。

将上式整理成网孔方程,可写成一般形式:

$$R_{11}I_{m1}+R_{12}I_{m2}+R_{13}I_{m3}=U_{S11}$$
$$R_{21}I_{m1}+R_{22}I_{m2}+R_{23}I_{m3}=U_{S22}$$
$$R_{31}I_{m1}+R_{32}I_{m2}+R_{33}I_{m3}=U_{S33}$$

解上述方程组得网孔电流后,可进而求得各支路电流。

m 个网孔电流方程的一般形式为:

$$R_{11}I_{m1}+R_{12}I_{m2}+\cdots+R_{1m}I_{mm}=U_{S11}$$
$$R_{21}I_{m1}+R_{22}I_{m2}+\cdots+R_{2m}I_{mm}=U_{S22}$$
$$\vdots$$
$$R_{m1}I_{m1}+R_{m2}I_{m2}+\cdots+R_{mm}I_{mm}=U_{Smm} \tag{3-8}$$

式中,R_{11}、R_{22}、$\cdots$、R_{mm} 为自电阻;其他电阻均为互电阻;U_{S11}、U_{S22}、$\cdots$、U_{Smm} 为本网孔所有电压源的代数和。

在不含受控源的电路中,互电阻满足:$R_{ij}=R_{ji}(i\neq j)$。

利用上述规律可以直接列写网孔电流方程。

用网孔电流法求解电路的步骤归纳如下。

(1) 选网孔为独立回路,标出各网孔的网孔电流方向。

(2) 用观察自电阻、互电阻的办法直接列写各网孔的 KVL 方程(以网孔电流为未知量)。

(3) 联立方程求解网孔电流。

(4) 由网孔电流求各支路电流,由 VCR 求各支路电压,进而求解其他电量。

若电路中含有电流源与电阻并联的支路,首先通过电源的等效变换,将其变成电压源与电阻串联的支路,再由观察法列写网孔电流方程。

分析时要注意以下几个方面。

(1) 自阻电压项→自电阻,自电阻=本网孔电阻之和,选取绕行方向与网孔电流方向一致,自电阻恒取正号。

(2) 互阻电压项→互电阻,互电阻=本网孔与另一网孔公共支路上的电阻之和。当流过网孔间公共支路的两个网孔电流参考方向一致时,互电阻取正;否则取负。若各网孔电流都选顺时针(或逆时针)方向时,此项恒取负号。

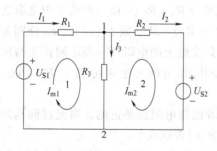

图 3-20　例 3-17 图

(3) 方程右边为等效电压源,为本网孔各理想电压源的代数和。当电压源电压的参考方向与网孔电流的参考方向一致时取正号,否则取负号。

例 3-17 在图 3-20 所示电路中,已知:$R_1=10\Omega$,$R_2=10\Omega$,$R_3=5\Omega$,$U_{S1}=10V$,$U_{S2}=10V$。用网孔电流法求解各支路电流。

解:

(1) 设各支路电流为 I_1、I_2,网孔电流 I_{m1}、I_{m2}。

(2) 列写网孔电流方程。

$$R_{11}=(10+5)=15(\Omega),\quad R_{12}=-5(\Omega)$$
$$R_{22}=(10+5)=15(\Omega),\quad R_{21}=-5(\Omega)$$
$$U_{S11}=10(V),\quad U_{S22}=-10(V)$$

各网孔电流方程为 $\qquad 15I_{m1}-5I_{m2}=10$

$$-5I_{m1}+15I_{m2}=-10$$

联立求解,可得

$$I_{m1}=0.5\text{A}, \quad I_{m2}=-0.5\text{A}$$

(3)求解各支路电流。

$$I_1=I_{m1}=0.5\text{A}, \quad I_2=I_{m2}=-0.5\text{A}, \quad I_3=I_{m1}-I_{m2}=0.5-(-0.5)=1(\text{A})$$

例 3-18 用网孔电流法求解图 3-21 所示电路中的各支路电流。

解:网孔序号及网孔绕向如图 3-21 所示,网孔方程为:

$$(2+1+2)I_{m1}-2I_{m2}-1I_{m3}=3-9$$
$$-2I_{m1}+(2+6+3)I_{m2}-6I_{m3}=9-6$$
$$-1I_{m1}-6I_{m2}+(3+6+1)I_{m3}=12.5-3$$

整理为:
$$\begin{cases}5I_{m1}-2I_{m2}-I_{m3}=-6\\-2I_{m1}+11I_{m2}-6I_{m3}=3\\-I_{m1}-6I_{m2}+10I_{m3}=9.5\end{cases}$$

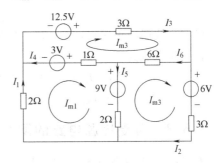

图 3-21 例 3-18 图

联立求解得:
$$\begin{cases}I_{m1}=-0.5\text{A}\\I_{m2}=1\text{A}\\I_{m3}=1.5\text{A}\end{cases}$$

各支路电流为:

$$I_1=I_{m1}=-0.5(\text{A}), \quad I_2=I_{m2}=1(\text{A}), \quad I_3=I_{m3}=1.5(\text{A}),$$
$$I_4=-I_{m1}+I_{m3}=2(\text{A}), \quad I_5=I_{m1}-I_{m2}=-1.5(\text{A}), \quad I_6=-I_{m2}+I_{m3}=0.5(\text{A})$$

3.5.2 含有理想电流源支路的网孔电流法

方法1:设未知量电压,增设理想电流源两端电压为未知量,列写网孔电流方程组,再添加补充方程——理想电流源的电流与网孔电流间的关系。

方法2:广义网孔法,即将理想电流源所在的两个网孔看作一个广义网孔,列写该广义网孔的 KVL 方程,然后再添加补充方程——理想电流源的电流与两网孔电流间的关系。

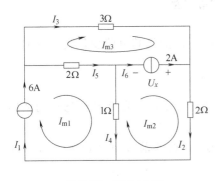

图 3-22 例 3-19 图

说明:若理想电流源在电路的中间,即为两个网孔所共有,则上述两种方法均可,但方法一较简单;若理想电流源在电路的边上,则其只通过一个网孔电流,那么该网孔电流即为理想电流源电流,不必对该网孔再列方程。

例 3-19 用网孔电流法求解图 3-22 所示电路中的各支路电流。

解:网孔序号及网孔绕向如图 3-22 所示,图中有两个理想电流源,其中 6A 的理想电流源只流过一个网孔电流,则可知 $I_{m1}=6\text{A}$。这样就不必再列网孔 1 的 KVL 方程。为了列网孔 2 和网孔 3 的 KVL 方程,设 2A 理想电流源的电压为 U_x,所得方程为:

$$I_{m1}=6A, \quad -1I_{m1}+3I_{m2}=U_x, \quad -2I_{m1}+5I_{m3}=-U_x$$

由于多了未知量 U_x,所以必须再增列一个方程,由 2A 理想电流源支路得到补充方程

$$I_{m2}-I_{m3}=2A$$

以上 4 式联立求解得: $\quad I_{m2}=3.5A, \quad I_{m3}=1.5A$

各支路电流为:

$$I_1=6A, \quad I_2=3.5A, \quad I_3=1.5A, \quad I_4=I_{m1}-I_{m2}=2.5(A),$$

$$I_5=I_{m1}-I_{m3}=4.5(A), \quad I_6=I_{m2}-I_{m3}=2(A)$$

3.5.3　含受控源电路的网孔电流法

方法:将受控电压源视为理想电压源,受控电流源视为理想电流源,按上面介绍的方法列方程后,再添加辅助方程——控制量与网孔电流的关系。

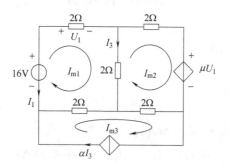

图 3-23　例 3-20 图

例 3-20　试用网孔电流法求解图 3-23 所示电路中的网孔电流,已知 $\mu=1,\alpha=1$。

解:网孔序号及网孔绕向如图 3-23 所示。

1、2 网孔的 KVL 方程为:

$$6I_{m1}-2I_{m2}-2I_{m3}=16$$

$$-2I_{m1}+6I_{m2}-2I_{m3}=-\mu U_1$$

网孔 3 满足:

$$I_{m3}=\alpha I_3$$

补充两个受控源的控制量与网孔电流关系方程:

$$U_1=2I_{m1}, \quad I_3=I_{m1}-I_{m2}$$

将 $\mu=1,\alpha=1$ 代入,联立求解得:

$$I_{m1}=4A, \quad I_{m2}=1A, \quad I_{m3}=3A$$

*3.6　回路分析法

回路分析法的分析方法与网孔电流法基本相同,不同的是其电路变量为独立回路的回路电流。分析的关键是独立回路的选取。

独立回路的选取方法如下。

(1) 要保证所选回路之间彼此独立,因此任选的一个回路与前面已经选过的回路相比,至少应包含一条新支路;

(2) 把独立回路数选够,也就是说,在保证第(1)点的前提下选够 $b-(n-1)$ 个回路。

例 3-21　试用回路分析法重解例 3-20。

解:题中有两个理想电流源,用选回路的办法选取两个理想电流源支路分别只流过一个回路电流,所选回路及绕行方向如图 3-24 所示,得到的方程为:

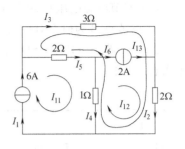

图 3-24 例 3-21 图

$$I_{11} = 6A$$
$$I_{12} = 2A$$
$$-(1+2)I_{11} + (1+2)I_{12} + (1+2+2+3)I_{13} = 0$$

联立求解得:

$$-3I_{11} + 3I_{12} + 8I_{13} = 0$$
$$-18 + 6 = -8I_{13}, \quad I_{13} = 1.5A$$

从而各支路电流为:

$$I_1 = I_{11} = 6A, \quad I_2 = I_{12} + I_{13} = 3.5A, \quad I_3 = I_{13} = 1.5A,$$
$$I_4 = I_{11} - I_{12} - I_{13} = 2.5A, \quad I_5 = I_{11} - I_{13} = 4.5A, \quad I_6 = I_{11} = 2A$$

注意:回路电流法是对网孔法的补充,网孔电流法适合于平面电路,回路电流法不仅适合于平面电路,而且适合于非平面电路。

3.7 实践项目 4:验证 KCL 和 KVL

1. 项目目的

(1) 用项目方法验证 KCL 和 KVL,加深对电路基本理论的认识。

(2) 练习根据项目的具体情况,合理地选择电流表、电压表的量程。

2. 仪器设备

(1) 晶体管直流稳压电源:1 台

(2) 万用表:1 块

(3) 直流电流表:1 块

(4) 直流实验线路板:1 块

(5) 导线:若干

3. 项目实施步骤

(1) 按图 3-25 所示电路原理接线。其中,$R_1 = 100\Omega$, $R_2 = 300\Omega$, $R_3 = 10\Omega$, $R_4 = 20\Omega$, $R_5 = 47\Omega$。

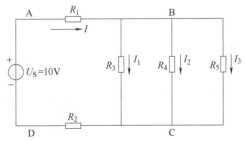

图 3-25 电路原理图

（2）调节电源电压 U_S＝10V。

① 以节点 B 为研究对象，分别测量 I、I_1、I_2、I_3。将数据填入表 3-1 中。

② 以回路 A→B→C→D→A 为研究对象，分别测电压 U_{AB}、U_{BC}、U_{CD} 和 U_{DA}，将数据填入表 3-1 中。

表 3-1　测量数据与计算结果

项目	测量数据								计算数据	
	电流/mA				电压/V					
	I	I_1	I_2	I_3	U_{AB}	U_{BC}	U_{CD}	U_{DA}	$\sum I$	$\sum U$
测量值										

③ 完成表中数据的运算。在计算 $\sum I$ 时，设流出节点 B 的电流为正，流入为负。在计算 $\sum U$ 时，设回路绕行方向为顺时针，电压参考方向与其一致取正值，反之则取负值。自查数据是否合理，在误差允许范围内，$I+I_1+I_2+I_3\approx0$，$U_{AB}+U_{BC}+U_{CD}+U_{DA}\approx0$。

4. 项目结论

通过本次实验，可以得出 _____

_____

_____的结论，这就验证了基尔霍夫定律。

5. 注意事项

（1）在选择合适的量程时，严禁带电切换，以免损坏仪表。

（2）通常万用表第二道刻度为交流电流、电压，直流电流、电压所共用的刻度线，标有若干组刻度。因此为保证结果正确，读数时应看清所选量程，算出每一最小单元格所代表的电流、电压值。

习　题　3

3-1　欲使图 3-26 所示电路中的电流 I＝0，U_S 应为多少？

3-2　用支路电流法求图 3-27 所示网络中通过电阻 R_3 支路的电流 I_3 及理想电流源的端电压 U。

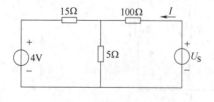

图 3-26　习题 3-1 图

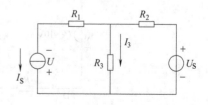

图 3-27　习题 3-2 图

3-3 用支路电流法求图 3-28 所示电路中的各支路电流 I_1、I_2、I_3。

3-4 用节点法求图 3-29 所示电路中的节点电压。

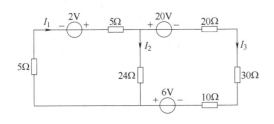
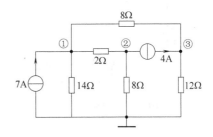

图 3-28 习题 3-3 图   图 3-29 习题 3-4 图

3-5 用节点分析法求图 3-30 所示电路中的电流 I。

3-6 对图 3-31 所示电路,试用节点分析法求电流 I_1 和 I_2。

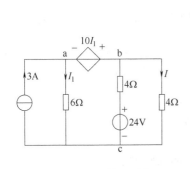
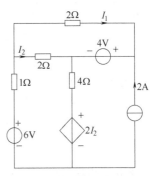

图 3-30 习题 3-5 图   图 3-31 习题 3-6 图

3-7 用网孔分析法求图 3-32 所示电路中的电压 U_A 和电流 I。

3-8 用节点分析法求图 3-33 所示电路中的电流 I_1 和电压 U_x。

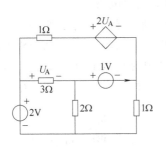
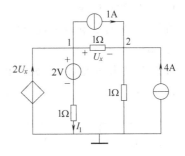

图 3-32 习题 3-7 图   图 3-33 习题 3-8 图

3-9 用网孔分析法求图 3-34 所示电路中的电压 U_1。

3-10 求图 3-35 所示电路中的网孔电流 I_1、I_2。

3-11 写出图 3-35 所示电路的网孔方程。

3-12 写出图 3-36 所示电路的节点电压方程。

3-13 电路如图 3-37 所示,求电流 I_x 和 I_y。

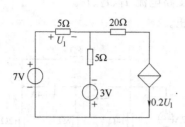

图 3-34　习题 3-9 图

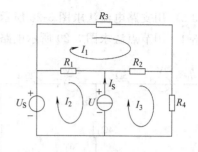

图 3-35　习题 3-10 图

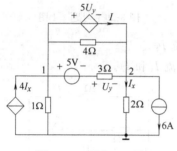

图 3-36　习题 3-12 图

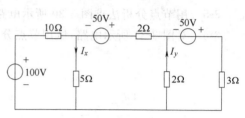

图 3-37　习题 3-13 图

测　验　3

1. 支路电流法是以（　　）为独立变量列写方程的求解方法。

A. 支路电流　　　　B. 网孔电流　　　　C. 回路电流　　　　D. 节点电压

2. 基尔霍夫定律的适用范围是（　　）。

A. 线性电路　　　　　　　　　B. 线性电路、非线性电路

C. 集中参数电路　　　　　　　D. 任何电路

3. 在图 3-38 所示电路中，已知 $U_1 = 1V$，$U_2 = 2V$，则电导 G_1、G_2 分别为（　　）。

A. 3S；1S　　　　B. 5S；1.5S　　　　C. 1.5S；5S　　　　D. 1S；3S

4. 在图 3-39 所示电路中，负载电阻 R 可获得最大功率时 R 的大小为（　　）。

A. 20Ω　　　　　　B. 10Ω　　　　　　C. 5Ω　　　　　　D. 4Ω

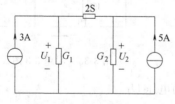

图 3-38　测验题 3 图

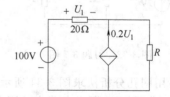

图 3-39　测验题 4 图

5. 节点电压方程中的每一项代表（　　）。

A. 一个电流　　　　B. 一个电压　　　　C. 一个电导　　　　D. 电功率

6. 对图 3-40 所示电路,节点 1 的节点方程为(　　)。

    A. $6U_1 - U_2 = 6$ B. $6U_1 = 6$ C. $5U_1 = 6$ D. $6U_1 - 2U_2 = 2$

7. 在图 3-41 所示电路中,增大 G_1 将导致(　　)。

    A. U_A 增大,U_B 增大   B. U_A 减小,U_B 减小

    C. U_A 不变,U_B 减小   D. U_A 不变,U_B 增大

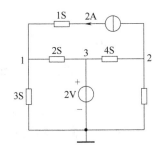

图 3-40　测验题 6 图

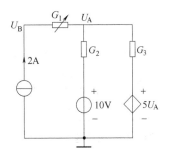

图 3-41　测验题 7 图

8. 电路如图 3-42 所示,其网孔方程是:$\begin{cases} 300I_1 - 200I_2 = 3 \\ -100I_1 + 400I_2 = 0 \end{cases}$,则 CCVS 的控制系数 r 为(　　)。

    A. 100Ω B. -100Ω C. 50Ω D. -50Ω

9. 用网孔电流法求图 3-43 所示电路中的电压 U 为(　　)。

    A. $\dfrac{2}{3}$V   B. $\dfrac{4}{3}$V   C. 1V   D. $-\dfrac{2}{3}$V

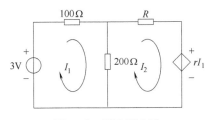

图 3-42　测验题 8 图

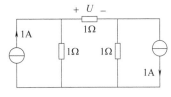

图 3-43　测验题 9 图

10. 电路如图 3-44 所示,用回路分析法求得 I 为(　　)。

    A. 1A   B. 2A

    C. 3A   D. 4A

11. 对于含有 b 条支路、n 个节点、m 个网孔的电路,应列出独立节点电流方程与独立回路电压方程的数目为(　　)。

    A. n 个电流方程、m 个电压方程

    B. $(n-1)$ 个电流方程、m 个电压方程

    C. b 个电流方程、m 个电压方程

    D. n 个电流方程、b 个电压方程

12. 网孔电流方程中的每一项代表(　　)。

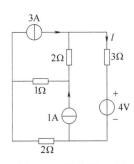

图 3-44　测验题 10 图

A. 一个电流   B. 一个电压   C. 一个电导   D. 电功率

13. 在图 3-45 所示电路中,通过电阻 R 的电流 I_x 为(   )。

A. 3A   B. −3A   C. 2A   D. −2A

14. 图 3-46 所示二端网络的输入电阻为(   )。

A. 4Ω   B. −2Ω   C. 3Ω   D. $\frac{1}{3}$Ω

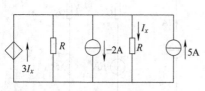

图 3-45   测验题 13 图

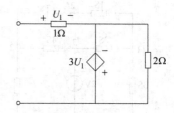

图 3-46   测验题 14 图

正弦交流电路

学习目标

(1) 掌握正弦交流电路的基本概念;

(2) 明确正弦量的相量表示法;

(3) 能正确分析一般的正弦交流电路;

(4) 掌握交流电路的功率计算。

4.1　正弦交流电的基本概念

前面已介绍了直流电路,直流电路中的电压和电流的大小和方向都不随时间变化,但实际生产中广泛应用的是一种大小和方向随时间按一定规律周期性变化且在一个周期内的平均值为零的周期电流或电压,称为交变电流或电压,简称交流。如果电路中的电流或电压随时间按正弦规律变化,则称为正弦交流电路。一般所说的交流电即指正弦交流电。

1. 正弦交流电的特征

以电流为例,图 4-1 为正弦电流的波形,它表示了电流的大小和方向随时间作周期性变化的情况。

周期,就是交流电完成一个循环所需要的时间,用字母 T 表示,单位为秒,如图 4-1 所示。单位时间内交流电变化所完成的循环数称为频率,用 f 表示,据此定义,频率与周期值互为倒数,即

$$f = \frac{1}{T} \tag{4-1}$$

频率的单位为 1/秒,又称为赫兹[Hz],工程实际中常用的单位还有 kHz、MHz 及 GHz 等。

工程实际中,往往也以频率区分电路,例如高频电路、低频电路。

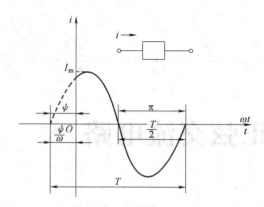

图 4-1   正弦交流电流波形

对于我国和世界上大多数国家,电力工业的标准频率即所谓的"工频"是 50Hz,其周期为 0.02s,少数国家(如美国、日本)的工频为 60Hz。在其他技术领域中也用到各种不同的频率。声音信号的频率为 20~20000Hz,广播中波段载波频率为 535~1605Hz,电视用的频率以 MHz 计,高频炉的频率为 200~300kHz,中频炉的频率是 500~8000Hz。

按正弦规律变化的电流和电压通称正弦量。对应于图 4-1,正弦量的一般解析式为

$$i(t) = I_m \sin(\omega t + \psi_i)$$ (4-2)

当然正弦量的解析式和波形都是对应于已经选定的参考方向而言的,如图 4-1 所示。正弦量在某一时刻的值叫瞬时值。瞬时值为正表示其方向与参考方向相同;瞬时值为负表示其方向与所选参考方向相反。正弦量解析式中的角度$(\omega t + \psi_i)$称为正弦量的相位角,简称相位。正弦量在不同的瞬间 t,有着不同的相位,对应的值(包括大小和正负)也不同,随着时间的推移,相位逐渐增加。相位每增加 2πrad(弧度),正弦量经历一个周期。为了简明,在电路分析中,$i(t)$、$u(t)$ 常用 i、u 表示。

ω 称为正弦量的角频率,其单位为 rad/s(弧度每秒)。

因为正弦量每经历一个周期 T 的时间,相位增加 2πrad,所以正弦量的角频率 ω、周期 T 和频率 f 三者的关系为:

$$\omega = \frac{2\pi}{T} = 2\pi f$$ (4-3)

ω、T、f 三者都反映正弦量变化的快慢,ω 越大,即 f 越大或 T 越小,正弦量循环变化越快;ω 越小,即 f 越小或 T 越大,正弦量循环变化越慢。直流量可以看成 $\omega = 0$(即 $f = 0$,$T = \infty$)的正弦量。

2. 初相位与幅值

$t = 0$ 时正弦量的相位,称为正弦量的初相位,简称初相,用 ψ 表示。计时起点选择不同,正弦量的初相不同。习惯上初相角用小于 180° 的角表示,即其绝对值不超过 π。如 $\psi = 330°$,可化为 $\psi = 330° - 360° = -30°$。$t = 0$ 时正弦量的值为 $i(0) = I_m \sin\psi_i$。

正弦交流电在周期性变化过程中,出现的最大的瞬时值称为交流电的最大值。从正弦波的波形上看为波幅的最高点,所以也称幅值。如图 4-1 所示,幅值即为表达式中的 I_m。在正弦量的一个周期内,两次达到同样的最大值,只是方向不同。同样,在正弦量一

个周期内瞬时值两次为零,规定瞬时值由负向正变化之间的一个值称为它的零值。在正弦量的解析式中,I_m反映了正弦量变化的幅度,ω反映了正弦量变化的快慢,ψ_i反映了正弦量在$t=0$时的状态,要完整地确定一个正弦量,必须知道它的I_m、ω、ψ_i,这三个量称为正弦量的三要素。

3. 相位差

两个同频率正弦量

$$u=U_m\sin(\omega t+\psi_u)$$
$$i=I_m\sin(\omega t+\psi_i)$$

相位分别为$\omega t+\psi_u$,$\omega t+\psi_i$,相位差$\varphi=(\omega t+\psi_u)-(\omega t+\psi_i)=\psi_u-\psi_i$,即它们的初相位之差。注意,只有两个同频率的正弦量才能比较相位差。

对于初相相等的两个正弦量,它们的相位差为零,称这两个正弦量同相。同相的两个正弦量同时达到零值,同时达到最大值。

相位差为π的两个正弦量叫反相正弦量。反相的两个正弦量各瞬间的值都是异号的,并同时为零,如图4-2所示,i_1与i_2为同相,i_2与i_3为反相。

对于一条支路的电流或电压,改选参考方向后的数值与原数值相差一负号,因此,对于同一正弦量,选择不同参考方向下的两个解析式所表示的量反相。若$i=I_m\sin(\omega t+\psi_i)$,改选参考方向后,$i'=-i=-I_m\sin(\omega t+\psi_i)=I_m\sin(\omega t+\psi_i\pm\pi)$,$i'$与$i$为反相的两个正弦量。

两个正弦量的初相不等,相位差就不为零。即相位差与计时起点的选择无关。习惯上,相位差的绝对值规定不超过π。上述u与i的波形如图4-3所示,起点不同,初相位不同。

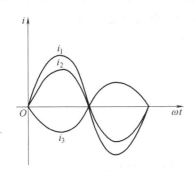

图4-2　同相与反相的电流

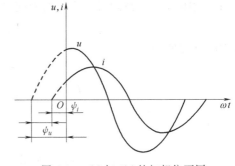

图4-3　$u(t)$与$i(t)$的初相位不同

例4-1　一正弦交流电,最大值为311V,$t=0$时的瞬时值为269V,频率为50Hz,写出其解析式。

解:设该正弦电流的解析式为

$$u=U_m\sin(\omega t+\psi)$$

因为$\omega=2\pi f=2\pi\times50\text{rad/s}=314\text{rad/s}$,又已知$t=0$时,$u(0)=269\text{V}$和$U_m=311\text{V}$,即

$$269=311\sin\psi,\quad \sin\psi=0.866$$

所以　　　　　$u=311\sin(314t+60°)\text{V}$　或　$u=311\sin(314t+120°)\text{V}$

例 4-2　已知两正弦电压 $u_1 = 141\sin(314t - 90°)\,\text{V}$, $u_2 = 311\sin(314t + 150°)\,\text{V}$, 求两者的相位差, 并指出两者的关系。

解: 相位差　　　　　　　　　$\varphi_{12} = -90° - 150° = -240°$

由于 $|\varphi_{12}| \geqslant 180°$, 故　　　　$\varphi_{12} = -240° + 360° = 120°$

所以 u_1 比 u_2 超前 $120°$。

4. 有效值

电路的主要作用是转换能量。周期量的瞬时值和最大值都不能确切地反映它们在能量方面的效果, 为此, 引入有效值。周期量的有效值用大写的字母表示, 如 U、I 等。

有效值是从电流的热效应角度来规定的。不论是周期性变化的电流还是直流电流, 只要它们在相同的时间内通过同一电阻产生的热效应相等, 就把它们的有效值看作是相等的。就是说: 对于某一电阻元件 R, 周期电流 i 在其一个周期 T 秒内流过电阻产生的热量与某一直流电流在同一时间 T 内流过电阻产生的热量相等, 则这个周期电流的有效值在数值上等于这个直流量的大小。

按照上述定义可得

$$\int_0^T i^2 R\,\mathrm{d}t = I^2 RT$$

由此可得出周期电流的有效值为

$$I = \sqrt{\frac{1}{T}\int_0^T i^2\,\mathrm{d}t} \tag{4-4}$$

即周期量的有效值等于其瞬时值平方在一周期内的平均值的平方根, 又称方均根值。

式 (4-4) 中的 i 为任意随时间变化的周期量。如果 i 为正弦交流电流, 即

$$i = I_\mathrm{m}\sin(\omega t + \psi_i)$$

则它的有效值为

$$I = \sqrt{\frac{1}{T}\int_0^T [I_\mathrm{m}\sin(\omega t + \psi_i)]^2\,\mathrm{d}t}$$

而

$$\int_0^T \sin^2(\omega t + \psi_i)\,\mathrm{d}t = \int_0^T \frac{1 - \cos 2(\omega t + \psi_i)}{2}\,\mathrm{d}t$$

$$= \frac{1}{2}\int_0^T \mathrm{d}t - \frac{1}{2}\int_0^T \cos 2(\omega t + \psi_i)\,\mathrm{d}t$$

$$= \frac{T}{2}$$

所以

$$I = \sqrt{\frac{1}{T}I_\mathrm{m}^2\,\frac{T}{2}} = \frac{I_\mathrm{m}}{\sqrt{2}} = 0.707 I_\mathrm{m} \tag{4-5}$$

即正弦量的有效值等于它的最大值除以 $\sqrt{2}$。对于正弦电压同样可得

$$U=\frac{U_{\mathrm{m}}}{\sqrt{2}}=0.707U_{\mathrm{m}} \tag{4-6}$$

一般电器设备上所标明的电流、电压值都是指有效值。使用交流电流表、电压表所测出的数据也多是有效值。例如"220V,40W"的白炽灯指它的额定电压的有效值为220V。交流380V或220V均指有效值。一般不加说明,交流电的大小皆指它的有效值。

正弦量的解析式也可以写为

$$i=I\sqrt{2}\sin(\omega t+\psi_i) \tag{4-7}$$

在分析整流器的击穿电压,计算电气设备的绝缘耐压时,要从交流电压的最大值考虑。

例 4-3 照明电源的额定电压为220V,动力电源的额定电压为380V,问它们的最大值各为多少?

解: 额定电压均为有效值,据式(4-6)

$$U_{\mathrm{m}}=\sqrt{2}U$$

得照明电的最大值为

$$U_{\mathrm{m}}=\sqrt{2}\times220=311(\mathrm{V})$$

动力电的最大值为

$$U_{\mathrm{m}}=\sqrt{2}\times380=537(\mathrm{V})$$

4.2 正弦量的相量表示法

如果直接按照正弦量的解析式或波形分析计算正弦交流电路,一般很麻烦。若将正弦量用相量表示,则会方便很多。正弦量有三要素,但由于在正弦交流电路中,所有的响应均与激励频率相同,故只需确定另两个要素:有效值和初相。一个复数可以同时表达一个正弦量的有效值和初相,相量法就是用复数表示正弦量,进而分析计算正弦交流电路的方法。

1. 复数及其运算

在数学中常用 $A=a+bi$ 表示复数。其中 i 表示虚单位,在电工技术中,为了区别于电流的符号,虚单位用 j 表示。

(1) 复数的 4 种表示形式

① 复数的代数形式

$$A=a+jb$$

② 复数的三角形式

$$A=r\cos\theta+jr\sin\theta$$

③ 复数的指数形式

$$A=re^{j\theta}$$

④ 复数的极坐标形式

$$A=r\underline{/\theta}$$

式中,a 表示实部;b 表示虚部;r 表示复数的模;θ 表示复数的幅角。它们之间的关系

可从图 4-4 中看出来,即

$$r=\sqrt{a^2+b^2}, \quad \theta=\arctan\frac{b}{a}, \quad a=r\cos\theta, \quad b=r\sin\theta$$

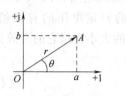

图 4-4 复数的表示

（2）复数的运算

① 复数的加减运算

设：$A_1=a_1+jb_1=r_1\underline{/\theta_1}, \quad A_2=a_2+jb_2=r_2\underline{/\theta_2}$

则

$$A_1\pm A_2=(a_1\pm a_2)+j(b_1\pm b_2)$$

② 复数的乘除运算

设：$A_1=r_1\underline{/\theta_1}, A_2=r_2\underline{/\theta_2}$

则

$$A_1\times A_2=r_1\times r_2\underline{/\theta_1+\theta_2}$$

$$\frac{A_1}{A_2}=\frac{r_1}{r_2}\underline{/\theta_1-\theta_2}$$

2. 相量表示法

设有正弦量

$$i=I_m\sin(\omega t+\psi_i)=\sqrt{2}I\sin(\omega t+\psi_i)$$

将正弦量三要素中的最大值（或有效值）、初相分别和复数的模、辐角对应,则正弦量可用复数表示,称为正弦量的相量。

如：

$$i(t)=I_m\sin(\omega t+\psi_i)=\sqrt{2}I\sin(\omega t+\psi_i)$$

可表示为最大值相量：

$$\dot{I}_m=I_m e^{j\psi_i}=I_m\underline{/\psi_i} \tag{4-8}$$

也可表示为有效值相量：

$$\dot{I}=I e^{j\psi_i}=I\underline{/\psi_i} \tag{4-9}$$

为了将相量与普通复数符号区别开来,在表示相量的大写字母上加"·"。

把同频率正弦量的相量画在同一复平面上,叫正弦量的相量图。

例 4-4 试写出下列正弦量的相量并作出相量图。

$$i_1=50\sqrt{2}\sin\left(100\pi t+\frac{\pi}{6}\right)A$$

$$u_1=100\sqrt{2}\sin\left(100\pi t+\frac{\pi}{3}\right)V$$

$$u_2=100\sqrt{2}\sin\left(100\pi t-\frac{2\pi}{3}\right)V$$

解：各电压、电流的有效值相量分别为

$$\dot{U}_1=100\underline{/\frac{\pi}{3}}V$$

$$\dot{U}_2=100\underline{/-\frac{2\pi}{3}}V$$

$$\dot{I}_1=50\underline{/\frac{\pi}{6}}A$$

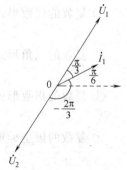

图 4-5 例 4-4 图

相量图如图 4-5 所示。

4.3 单一参数正弦交流电路

1. 纯电阻电路

在交流电路的分析中,对于元件上各量的参考方向,一般不加说明,仍遵循在直流电路中的约定,即电流和电压的方向为关联参考方向。电阻元件的关联参考方向、波形图如图 4-6(a)所示。

对于电阻元件 R,通过电流为 i,与电流关联的电压为 u,根据欧姆定律有

$$i=\frac{u}{R} \quad 或 \quad u=Ri \tag{4-10}$$

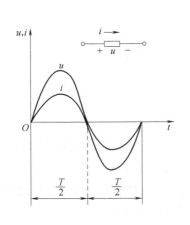

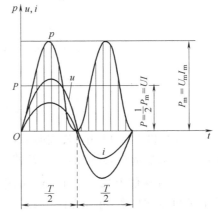

(a) 电阻元件的关联参考方向、波形图　　　　(b) 电阻元件电流电压波形及功率

图 4-6　纯电阻电路图

即电阻元件上电压、电流的瞬时值仍遵从欧姆定律,是线性关系。

(1) 电压与电流的关系

在交流电路中,凡是电阻起主要作用的负载如白炽灯、电烙铁、电炉、电阻器等,其电感很小可忽略不计,因此可看成电阻元件,仅由电阻元件构成的交流电路称为纯电阻电路。设通过电阻元件的正弦电流为

$$i=I\sqrt{2}\sin(\omega t+\psi_i)$$

则与该电流关联的电阻元件的电压为

$$u=Ri=R\sqrt{2}I\sin(\omega t+\psi_i)$$
$$=\sqrt{2}U\sin(\omega t+\psi_u)$$

式中,
$$U=RI \tag{4-11}$$

即电阻元件电压、电流的有效值仍遵从欧姆定律,且同相。将式(4-11)写成相量式为

$$\dot{U}=R\dot{I} \tag{4-12}$$

由式(4-11)和式(4-12)可以看出：

① 电阻元件的电流和电压瞬时值、最大值、有效值关系都遵从欧姆定律；

② 电阻元件的电流与电压同相，即 $\psi_u = \psi_i$。

(2) 纯电阻电路的功率

电阻元件是一耗能元件，但在正弦交流电路中，其功率是随时间变化的。电阻元件在某一时刻的功率称为瞬时功率，如图 4-6(b)所示，设 $\psi_i = 0$，则

$$p = ui = I\sqrt{2}\sin\omega t \sqrt{2}U\sin\omega t$$
$$= 2UI\sin 2\omega t$$
$$= UI - UI\cos 2\omega t$$

为了便于计量，引入平均功率的概念，即将瞬时功率在它的一个周期内作平均值，即

$$P = \frac{1}{T}\int_0^T p(t)\,\mathrm{d}t$$

$$= \frac{1}{T}\int_0^T (UI - UI\cos 2\omega t)\,\mathrm{d}t \qquad (4\text{-}13)$$

$$= UI$$

$$P = UI = RI^2 = \frac{U^2}{R} \qquad (4\text{-}14)$$

式(4-12)、式(4-13)和式(4-14)中，公式的形式与直流电路中完全相同，但与直流电路中各符号的意义完全不同，此处，式中的 U、I 均指正弦量的有效值。

例 4-5　一个标称值为"220V,150W"的电烙铁，它的电压为 $u = 220\sqrt{2}\sin(100\pi t + 30°)\text{V}$，求它的电流和功率，并计算使用 20h 所耗电能的度数。

解：电流的有效值为

$$I = \frac{P}{U} = \frac{150}{220} = 0.68(\text{A})$$

因所加电压即为额定电压，功率为 150W，所以 20h 所耗电能为

$$W = 150 \times 20 = 3000(\text{Wh}) = 3.0(\text{kWh}) = 3.0(\text{度})$$

2. 正弦交流电路中的电感元件

(1) 电压、电流关系

如图 4-7(a)所示，电感元件的电压电流为关联参考方向。

设通过电感元件的正弦电流为

$$i = \sqrt{2}I\sin(\omega t + \psi_i)$$

则电感元件的电压为

$$u = L\frac{\mathrm{d}}{\mathrm{d}t}[\sqrt{2}I\sin(\omega t + \psi_i)]$$

$$= \omega L\sqrt{2}I\cos(\omega t + \psi_i)$$

$$= \sqrt{2}\omega LI\sin(\omega t + \psi_i + 90°)$$

$$= \sqrt{2}U\sin(\omega t + \psi_u)$$

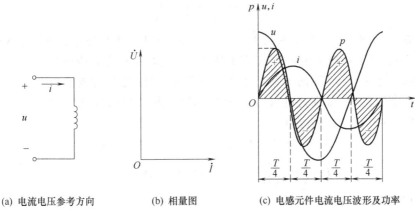

(a) 电流电压参考方向　　　(b) 相量图　　　(c) 电感元件电流电压波形及功率

图 4-7　纯电感电路图

所以　　　　　　　　　　$U=\omega L I$　或　$U_{\mathrm{m}}=\omega L I_{\mathrm{m}}$　　　　　　　　　(4-15)

$$\psi_u=\psi_i+90° \quad \text{或} \quad \psi_{ui}=\psi_u-\psi_i=90°$$

电压的相量表达式为

$$\dot{U}=\omega L I(\underline{/\psi_i+90°})=\mathrm{j}\omega L I\underline{/\psi_i}=\mathrm{j}\omega L\,\dot{I}$$

式中，ωL 称为电感元件的感抗，用 X_{L} 表示，即 $X_{\mathrm{L}}=\omega L=2\pi f L$，单位为欧姆（Ω）。$X_{\mathrm{L}}$ 与 ω 成正比，频率越高，X_{L} 越大，在一定电压下，I 越小；在直流情况下，$\omega=0$，$X_{\mathrm{L}}=0$，电感元件在交流电路中具有通低频阻高频的特性。电压的相量表达式还可写为

$$\dot{U}=\mathrm{j}X_{\mathrm{L}}\,\dot{I}$$
(4-16)

即为电感元件在正弦交流电路中电流电压的相量关系式，如图 4-7(b) 所示为相量图。

由式(4-15)和式(4-16)可知：

① 电感元件的电压和电流的最大值、有效值之间符合欧姆定律形式；

② 电感元件的电压的相位超前电流 90°，如图 4-7(b) 所示。

（2）纯电感电路的功率

设 $\psi_i=0$，则纯电感电路的瞬时功率为

$$p=ui=2UI\sin\left(\omega t+\frac{\pi}{2}\right)\sin\omega t=UI\sin2\omega t$$

瞬时功率是以两倍于电流的频率、按正弦规律变化的，最大值为 $UI=I^2X_{\mathrm{L}}$，其波形如图 4-7(c) 所示。从瞬时功率的波形可以看出，在第 1 个 $\dfrac{T}{4}$ 和第 3 个 $\dfrac{T}{4}$ 时间内，U 与 I 同方向，P 为正，电感从外界吸收能量，线圈起负载作用；在第 2 个 $\dfrac{T}{4}$ 和第 4 个 $\dfrac{T}{4}$ 时间内，U 与 I 反向，P 为负，电感向外释放能量，即把磁能转换为电能，放出的能量等于吸收的能量，故它是储能元件，只与外电路进行能量交换，本身不消耗能量。因此，它在一个周期内的平均功率为零，这一点可以由正弦函数的对称性，利用积分的概念来说明。

为了衡量电感元件与外界交换能量的规模，引入无功功率，即

$$Q_L = UI = I^2 X_L = \frac{U^2}{X_L} \tag{4-17}$$

这里"无功"的含义,是"功率交换而不消耗"并不是"无用",无功功率的单位是 Var(乏)或 kVar(千乏)。与无功功率相对应,工程上还常把平均功率称为有功功率。

例 4-6 把一个 0.1H 的电感元件接到频率为 50Hz,电压有效值为 10V 的正弦电压源上,问电流是多少? 如保持电压不变,而频率调节为 5000Hz,此时电流为多少?

解:当 $f = 50\text{Hz}$ 时,感抗为

$$X_L = 2\pi fL = 2 \times 3.14 \times 50 \times 0.1 = 31.4(\Omega)$$

电流为

$$I = \frac{U}{X_L} = \frac{10}{31.4} = 0.318 = 318(\text{mA})$$

当 $f = 5000\text{Hz}$ 时,感抗为

$$X_L = 2\pi fL = 2 \times 3.14 \times 5000 \times 0.1 = 3140(\Omega)$$

$$I = \frac{U}{X_L} = \frac{10}{3140} = 0.00318\text{A} = 3.18(\text{mA})$$

由此例可见,电压一定时,频率越高,通过电感元件的电流越小。

3. 正弦交流电路中的电容元件

(1) 电压、电流关系

如图 4-8(a)所示,电容元件的电压电流为关联参考方向。

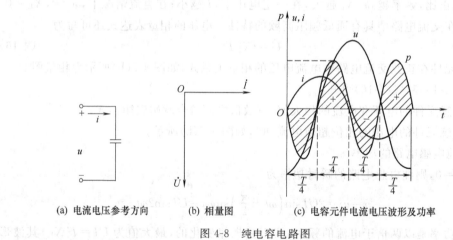

(a) 电流电压参考方向   (b) 相量图   (c) 电容元件电流电压波形及功率

图 4-8 纯电容电路图

设通过电容元件的端电压为

$$u = \sqrt{2}U\sin(\omega t + \psi_u)$$

则电路中的电流为

$$i = C\frac{\mathrm{d}u}{\mathrm{d}t}$$

$$= \omega C\sqrt{2}U\cos(\omega t + \psi_u)$$

$$= \sqrt{2}\omega CU\sin(\omega t + \psi_u + 90°)$$

$$= \sqrt{2}\omega CU\sin(\omega t + \psi_i)$$

所以 $\qquad I=\omega CU$ 或 $I_m=\omega CU_m$ $\qquad\qquad$ (4-18)

$$\psi_i=\psi_u+90° \quad 或 \quad \psi_{ui}=\psi_u-\psi_i=-90°$$

电压的相量表达式为

$$\dot I=\omega CU\underline{/\psi_u+90°}=\mathrm j\omega CU\underline{/\psi_u}=\mathrm j\omega C\dot U$$

式中,$\dfrac{1}{\omega C}$ 称为电容元件的容抗,用 X_C 表示,即 $X_C=\dfrac{1}{\omega C}=\dfrac{1}{2\pi fC}$,单位为欧姆($\Omega$)。$X_C$ 与 ω 成反比,在一定电压下,频率越高,X_C 越小,I 越大;在直流情况下,$\omega=0$,$X_C=\infty$,电容元件在交流电路中具有隔直通交和通高频阻低频的特性。电压的相量表达式还可写为

$$\dot U=-\mathrm jX_C\dot I \qquad\qquad (4-19)$$

即电容元件在正弦交流电路中电流电压的相量关系式,如图 4-8(b)所示为相量图(设 $\psi_i=0$,则 $\psi_u=-90°$)。

由式(4-18)和式(4-19)可知:

① 电容元件的电压和电流的最大值、有效值符合欧姆定律;

② 电容元件的电流比电压超前 $90°$。

(2)纯电容电路的功率

设 $\psi_i=0$,则纯电容电路的瞬时功率为

$$p=ui=U_m I_m \sin\left(\omega t-\dfrac{\pi}{2}\right)\sin\omega t=-UI\sin2\omega t$$

与纯电感电路的瞬时功率相似,纯电容电路瞬时功率也是以两倍于电流的频率、按正弦规律变化的,最大值为 $UI=I^2X_C$,其波形如图 4-8(c)所示。从瞬时功率的波形可以看出,在第 1 个 $\dfrac{T}{4}$ 和第 3 个 $\dfrac{T}{4}$ 内,u 与 i 反向,p 为负值,即电容元件释放能量,但在第 2 个 $\dfrac{T}{4}$ 和第 4 个 $\dfrac{T}{4}$ 内,u 与 i 同方向,p 为正值,即电容吸收能量。由曲线的对称性可知,吸收的能量与释放的能量相同,故它是储能元件。同理,电容的平均功率为零,其无功功率为

$$Q_C=-UI=-I^2X_C=-\dfrac{U^2}{X_C} \qquad\qquad (4-20)$$

电容的无功功率为负值,表明它与电感转换能量的过程相反,电感吸收能量的同时,电容释放能量,反之亦然。

例 4-7 在电容为 $318\mu\mathrm F$ 的电容器两端加 $u=220\sqrt2\sin(314t+120°)\mathrm V$ 的电压,试计算电容的电流及无功功率。

解:因为 $\dot U=220\underline{/120°}\mathrm V$,

容抗 $\qquad\qquad X_C=\dfrac{1}{\omega C}=\dfrac{1}{314\times318\times10^{-6}}=100(\Omega)$

所以 $\qquad\qquad \dot I_C=\dfrac{\dot U}{-\mathrm jX_C}=\dfrac{220\underline{/120°}}{100\underline{/-90°}}=2.2\underline{/-150°}(\mathrm A)$

电容电流

$$i=2.2\sqrt2\sin(314t-150°)(\mathrm A)$$

电容的无功功率

$$Q_C = -UI = -2.2 \times 220 = -484 (\text{Var})$$

4.4　正弦交流电路的分析

4.4.1　RLC 串联电路

1. 电流、电压关系

RLC 串联电路如图 4-9(a)所示,其相量模型如图 4-9(b)所示,正弦电流 i,对应的相量为 $\dot{I} = I\underline{/\psi_i}$,通过 RLC 元件,分别产生电压降为 $\dot{U}_R$、$\dot{U}_L$、$\dot{U}_C$,三个元件通过相同电流,每个元件的电流电压关系为

$$\dot{U}_R = R\dot{I}, \quad \dot{U}_L = jX_L\dot{I}, \quad \dot{U}_C = -jX_C\dot{I}$$

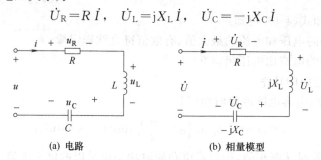

(a) 电路	(b) 相量模型

图 4-9　RLC 串联

而端口总电压 $u = u_R + u_L + u_C$,对应的相量式为

$$\dot{U} = \dot{U}_R + \dot{U}_L + \dot{U}_C$$

整理得

$$\dot{U} = [R + j(X_L - X_C)]\dot{I}$$

令 $\dfrac{\dot{U}}{\dot{I}} = Z$,而 $Z = R + j(X_L - X_C) = R + jX$ 称为电路的复阻抗,单位为欧姆(Ω),其中 $X = X_L - X_C$ 称为电抗,单位为欧姆(Ω),故有

$$\dot{U} = Z\dot{I} \tag{4-21}$$

式(4-21)称为相量形式的欧姆定律。总电压与总电流有一个相位差 φ,则

$$\tan\varphi = \frac{U_L - U_C}{U_R} = \frac{X_L - X_C}{R} = \frac{X}{R}$$

若 $\dot{U} = U\underline{/\psi_u}$,$\dot{I} = I\underline{/\psi_i}$,则式(4-21)可写为

$$Z = \frac{\dot{U}}{\dot{I}} = \frac{U}{I}\underline{/\psi_u - \psi_i} = R + jX = \sqrt{R^2 + X^2}\tan^{-1}\frac{X}{R}$$

$$|Z| = \sqrt{R^2 + X^2}$$

$$\varphi = \angle\tan^{-1}\frac{X}{R} \tag{4-22}$$

式中,$|Z|$ 称为复阻抗的阻抗值;φ 为阻抗角,也是电流与电压的相位差。

由此可以看出,通过电路的电流的频率及元件参数不同,电路所反映出的性质也不同。

如果频率和元件参数使得 $X_L > X_C$，则 $X > 0$，电压超前电流，电路呈感性；如图 4-10(a)所示；相反，若 $X_L < X_C$，$X < 0$，电压滞后电流，电路呈容性，如图 4-10(b)所示；若 $X_L = X_C$，$X = 0$，电压与电流同相，电路呈电阻性，如图 4-10(c)所示。

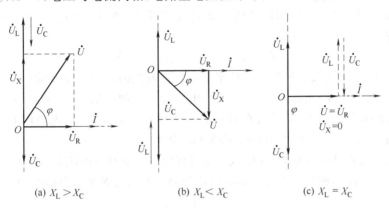

(a) $X_L > X_C$　　　　(b) $X_L < X_C$　　　　(c) $X_L = X_C$

图 4-10　RLC 串联相量图

2. 功率

为了分析方便，取电路电流为参考正弦量，$\psi_i = 0$，$\psi_u = \varphi$，即瞬时功率可写为

$$P = ui$$
$$= U_m I_m \sin(\omega t + \varphi) \sin\omega t$$
$$= UI[\cos\varphi - \cos(2\omega t + \varphi)]$$
$$= UI\cos\varphi - UI\cos(2\omega t + \varphi)$$

相应的平均功率或有功功率为

$$P = \frac{1}{T}\int_0^T p\,dt$$
$$= \frac{1}{T}\int_0^T [UI\cos\varphi - UI\cos(2\omega t + \varphi)]\,dt$$
$$= UI\cos\varphi$$

即
$$P = UI\cos\varphi \tag{4-23}$$

对于 RLC 串联电路，流过电阻、电感、电容三元件的电流相同，因此可以绘制出电压、阻抗和功率三角形，如图 4-11 所示。

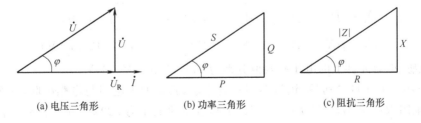

(a) 电压三角形　　　　(b) 功率三角形　　　　(c) 阻抗三角形

图 4-11　电压、功率和阻抗三角形

由功率三角形很容易得到无功功率 Q 和视在功率 S

$$Q = UI\sin\varphi \tag{4-24}$$
$$S = UI \tag{4-25}$$

虽然式(4-23)~式(4-25)是由串联电路推出的,但它是计算正弦交流电路功率的一般公式。

复功率:

$$\overline{S} = P + jQ = \dot{U}\dot{I}^* (\text{ * 表示共轭复数}) \tag{4-26}$$

由上述可知,交流发电机输出的功率不仅与发电机的端电压及其输出电流的有效值的乘积有关,还与电路(负载)的参数有关。电路所具有的参数不同,电路的性质就不同,电压与电流的相位差也不同,这时在同样的电压 U 和电流 I 之下,电路的有功功率和无功功率也就不同。式(4-23)中的 $\cos\varphi$ 称为功率因数。

视在功率也称功率容量,交流电气设备是按照规定的额定电压 U_N 和额定电流 I_N 来设计使用的。变压器的容量就是以额定电压和额定电流的乘积来表示的,即

$$S_N = U_N I_N$$

视在功率的单位是 V・A(伏安)或 kV・A(千伏安)。由功率三角形或式(4-23)~式(4-25)可以得出三个功率之间的关系

$$S = \sqrt{P^2 + Q^2} \tag{4-27}$$

例 4-8　由电阻 $R = 8\Omega$,电感 $L = 0.1H$ 和电容 $C = 127\mu F$ 组成串联电路,如设电源电压 $u = 220\sqrt{2}\sin 314t \text{V}$,试求电流 i、U_R、U_L、U_C。

解:感抗及容抗分别为

$$X_L = \omega L = 314 \times 0.1 = 31.4(\Omega)$$
$$X_C = \frac{1}{\omega C} = \frac{1}{314 \times 127 \times 10^{-6}} = 25(\Omega)$$

电路的复阻抗为

$$Z = R + jX_L - jX_C = 8 + j31.4 - j25 = (8 + j6.4) = 10.3\underline{/38.7°}(\Omega)$$

电压

$$\dot{U} = 220\underline{/0°}\text{V}$$

所以

$$\dot{I} = \frac{\dot{U}}{Z} = \frac{220\underline{/0°}}{10.3\underline{/38.7°}} = 21.4\underline{/-38.7°}(\text{A})$$

电流的解析式为

$$i = 21.4\sqrt{2}\sin(314t - 38.7°)\text{A}$$

各元件上的电压为

$$\dot{U}_R = \dot{I}R = 21.4\underline{/-38.7°} \times 8 = 171.2\underline{/-38.7°}(\text{V})$$
$$\dot{U}_L = j\dot{I}X_L = 21.4\underline{/-38.7°} \times 31.4\underline{/90°} = 627\underline{/51.3°}(\text{V})$$
$$\dot{U}_C = j\dot{I}X_C = 21.4\underline{/-38.7°} \times 25\underline{/-90°} = 535\underline{/-128.7°}(\text{V})$$

电阻、电感、电容元件上的电压有效值分别为 171.2V、672V、535V。

例 4-9　荧光灯导通后,镇流器与灯管串联,其模型为电阻与电感串联,一个荧光灯电路的电阻 $R = 300\Omega$,电感 $L = 1.66H$,工频电源的电压为 220V。试求灯管电流及其与电源电压的相位差、灯管电压、镇流器电压。

解:镇流器的感抗为

$$X_L = \omega L = 314 \times 1.66 = 521.5(\Omega)$$

电路的复阻抗为

$$Z = R + jX_L = 300 + j521.5 = 601.6\underline{/60.1°}(\Omega)$$

所以,灯管电压比灯管电流超前 60.1°。灯管电流、电压及镇流器电压为

$$I = \frac{U}{|Z|} = \frac{220}{601.6} = 0.3657(A)$$

$$U_R = RI = 300 \times 0.3657 = 109.7(V)$$

$$U_L = X_L I = 521.5 \times 0.3657 = 190.7(V)$$

4.4.2 RLC 并联电路

RLC 并联电路如图 4-12(a)所示,其相量模型如图 4-12(b)所示。

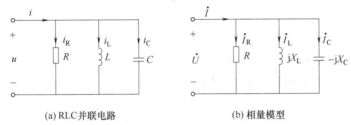

(a) RLC 并联电路　　　　　　(b) 相量模型

图 4-12　RLC 并联电路

$$\dot{I}_R = \frac{\dot{U}}{R}, \quad \dot{I}_L = \frac{\dot{U}}{jX_L}, \quad \dot{I}_C = \frac{\dot{U}}{-jX_C}$$

$$\dot{I} = \dot{U}\left[\frac{1}{R} + j\left(\frac{1}{X_L} - \frac{1}{X_C}\right)\right]$$

若已知 $\dot{U} = U\underline{/\psi_u}$,便可求出各个电流相量。

例 4-10 RLC 并联电路中,已知 $R = 5\Omega, L = 5\mu H, C = 0.4\mu F$,电压有效值 $U = 10V$, $\omega = 10^6$ rad/s,求总电流 i,并说明电路的性质。

解: $\quad X_L = \omega L = 10^6 \times 5 \times 10^{-6} = 5(\Omega), \quad X_C = \frac{1}{\omega C} = \frac{1}{10^6 \times 0.4 \times 10^{-6}} = 2.5(\Omega)$

$$\dot{U} = 10\underline{/0°}V$$

$$\dot{I}_R = \frac{\dot{U}}{R} = \frac{10\underline{/0°}}{5} = 2(A), \quad \dot{I}_L = \frac{\dot{U}}{jX_L} = \frac{10\underline{/0°}}{j5} = -j2(A)$$

$$\dot{I}_C = \frac{\dot{U}}{-jX_C} = \frac{10\underline{/0°}}{-j2.5} = j4(A)$$

$$\dot{I} = \dot{I}_R + \dot{I}_L + \dot{I}_C = 2 - j2 + j4 = 2 + j2 = 2\sqrt{2}\underline{/45°}(A)$$

$$i = 4\sin(10^6 t + 45°)(A)$$

因为电流的相位超前电压,所以电路呈容性。

4.4.3 正弦交流电路的分析方法

综前所述,只要把正弦交流电路用相量模型表示,就可像分析计算直流电路那样来分

析计算正弦交流电路,这种方法称为相量法。在分析正弦交流电路时,有两种方法,一是利用相量图上各相量之间的关系,用几何方法求出所需的结果;二是用复数式直接进行运算。其一般步骤如下。

(1) 作出相量模型图,将电路中的电压、电流都写成相量形式,每个元件或无源二端网络都用复阻抗表示。

(2) 应用 4.3 节所介绍的定律、定理、分析方法进行计算,得出正弦量的相量值。

(3) 根据需要,写出正弦量的解析式或计算出其他量。

① 在关联参考方向下:

$$\dot{U}_R = R\dot{I}_R, \quad \dot{U}_L = jX_L\dot{I}_L, \quad \dot{U}_C = -jX_C\dot{I}_C$$

② KCL:$\sum \dot{I} = 0$,KVL:$\sum \dot{U} = 0$。

③ 无源二端网络或元件,在电压电流关联参考方向下,二者关系的相量形式为

$$\dot{U} = Z\dot{I}$$

④ 复阻抗:

$$Z = \frac{\dot{U}}{\dot{I}} = |Z| \underline{/\varphi}$$

例 4-11 已知图 4-13(a) 所示的电路中,$i_1 = 8\sqrt{2}\sin(\omega t + 60°)$A,$i_2 = 6\sqrt{2}\sin(\omega t - 30°)$A,试求总电流的有效值及瞬时值表达式。

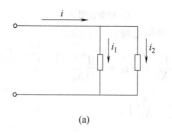 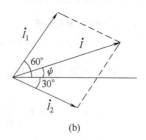

(a)   (b)

图 4-13   例 4-11 图

解: 先将正弦电流 i_1 和 i_2 用相量来表示,分别为

$$\dot{I}_1 = 8\underline{/60°}\,\text{A}$$

$$\dot{I}_2 = 6\underline{/-30°}\,\text{A}$$

(1) 用相量图求解。

画出相量图如图 4-13(b)所示

$$I = \sqrt{I_1^2 + I_2^2} = \sqrt{8^2 + 6^2} = 10(\text{A})$$

相量 $\dot{I}$ 与横轴的夹角 ψ 就是 i 的初量角。

$$\psi = \arctan\frac{8}{6} - 30° \approx 23.1°$$

所以总电流的瞬时值表达式为

$$i_1 = 10\sqrt{2}\sin(\omega t + 23.1°)$$

(2) 用复数运算求解。

$$i = \dot{I}_1 + \dot{I}_2$$
$$= 8\underline{/60^\circ} + 6\underline{/-30^\circ}$$
$$\approx 4 + j6.9 + 5.2 - j3$$
$$= 9.2 + j3.9$$
$$\approx 10\underline{/23.1^\circ}(A)$$
$$i_1 = 10\sqrt{2}\sin(\omega t + 23.1^\circ)A$$
$$I \neq I_1 + I_2(与直流不同)$$

例 4-12 已知 $i_1 = 3\sqrt{2}\sin(\omega t + 20^\circ)A$，$i_2 = 5\sqrt{2}\sin(\omega t - 70^\circ)A$，若 $i = i_1 + i_2$，求 $\dot{I}$、i 为多少？

解：用相量计算，

$$\dot{I}_1 = 3\underline{/20^\circ}A, \quad \dot{I}_2 = 5\underline{/-70^\circ}A$$
$$\dot{I} = \dot{I}_1 + \dot{I}_2$$
$$= 3\underline{/20^\circ} + 5\underline{/-70^\circ}$$
$$= 3\cos20^\circ + j3\sin20^\circ + 5\cos(-70^\circ) + j5\sin(-70^\circ)$$
$$= 2.819 + j1.026 + 1.710 - j4.698$$
$$= 4.529 - j3.672$$
$$= 5.83\underline{/-39.03^\circ}(A)$$

所以

$$i(t) = 5.83\sqrt{2}\sin(\omega t - 39.03^\circ)$$

也可由相量图求解，如图 4-14 所示。
由勾股定理得

$$I = \sqrt{I_1^2 + I_2^2} = \sqrt{3^2 + 5^2} = 5.83(A)$$
$$\psi_i = 20^\circ - \tan^{-1}\frac{5}{3} = -39.03^\circ$$

例 4-13 已知图 4-15(a)所示的电路中，$u_1 = 141\sin(\omega t + 45^\circ)$，$u_2 = 84.6\sin(\omega t - 30^\circ)$，试求总电压的有效值及瞬时值表达式。

解：先将正弦电压 u_1 和 u_2 用相量来表示，分别为

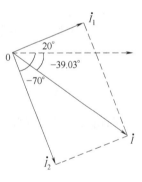

图 4-14　例 4-12 图

$$\dot{U}_1 = \frac{141}{\sqrt{2}}\underline{/45^\circ} = 100\underline{/45^\circ}(V)$$

$$\dot{U}_2 = \frac{84.6}{\sqrt{2}}\underline{/-30^\circ} = 60\underline{/-30^\circ}(V)$$

(1) 用相量图求解。画出电压相量图 $\dot{U}_1$ 和 $\dot{U}_2$，$\dot{U} = \dot{U}_1 + \dot{U}_2$，由平行四边形法则作出 $\dot{U}$，如图 4-15(b)所示。由几何关系可得总电压的有效值

$$U = \sqrt{(U_1\cos\psi_1 + U_2\cos\psi_2)^2 + (U_1\sin\psi_1 + U_2\sin\psi_2)^2}$$
$$= \sqrt{[100\cos45^\circ + 60\cos(-30^\circ)]^2 + [100\sin45^\circ + 60\sin(-30^\circ)]^2}$$
$$\approx 129(V)$$

初相角为

$$\psi = \arctan \frac{U_1 \sin\varphi_1 + U_2 \sin\varphi_2}{U_1 \cos\varphi_1 + U_2 \cos\varphi_2}$$

$$= \arctan \frac{100\sin45° + 60\sin(-30°)}{100\cos45° + 60\cos(-30°)}$$

$$\approx \arctan 0.332 \approx 18.4°$$

$$u = 129\sqrt{2}\sin(\omega t + 18.4°) \text{V}$$

（2）用复数运算求解。

$$\dot{U} = \dot{U}_1 + \dot{U}_2$$

$$= 100\underline{/45°} + 60\underline{/-30°}$$

$$\approx 70.7 + \text{j}70.7 + 51.9 - \text{j}30$$

$$= 122.6 + \text{j}40.7$$

$$\approx 129\underline{/18.4°}(\text{V})$$

瞬时值表达式为

$$u = 129\sqrt{2}\sin(\omega t + 18.4°)$$

例 4-14 电路如图 4-16 所示，已知 $R_1 = 100\Omega, R_2 = 100\Omega, R_3 = 50\Omega, C_1 = 10\mu\text{F}, L_3 = 50\text{mH}, U = 100\text{V}, \omega = 1000\text{rad/s}$。求各支路电流。

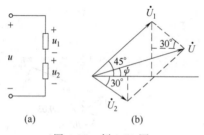
图 4-15 例 4-13 图

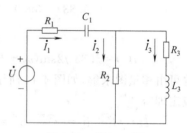
图 4-16 例 4-14 图

解：由已知条件可得

$$X_{C1} = \frac{1}{\omega C_1} = \frac{1}{1000 \times 10 \times 10^{-6}} = 100(\Omega)$$

$$X_{L3} = \omega L_3 = 1000 \times 50 \times 10^{-3} = 50(\Omega)$$

电路的等效复阻抗为

$$Z = R_1 - \text{j}X_{C1} + \frac{R_2(R_3 + \text{j}X_{L3})}{R_2 + R_3 + \text{j}X_{L3}}$$

$$= 100 - \text{j}100 + \frac{100(50 + \text{j}50)}{100 + 50 + \text{j}50}$$

$$= 100 - \text{j}100 + 40 + \text{j}20$$

$$= 140 - \text{j}80 = 161.2\underline{/-29.7°}(\Omega)$$

设 $\dot{U} = 100\underline{/0°}\text{V}$，则

$$\dot{I}_1 = \frac{\dot{U}}{Z} = \frac{100\underline{/0°}}{161.2\underline{/-29.7°}} = 0.62\underline{/29.7°}(\text{A})$$

$$\dot{I}_2 = \dot{I}_1 \frac{R_3 + \text{j}X_{L3}}{R_2 + R_3 + \text{j}X_{L3}}$$

$$= 0.62\underline{/29.7°} \times \frac{50+j50}{100+50+j50}$$

$$= 0.62\underline{/29.7°} \times 0.447\underline{/26.6°}$$

$$= 0.28\underline{/56.3°}(A)$$

$$\dot{I}_3 = \dot{I}_1 - \dot{I}_2$$

$$= 0.62\underline{/29.7°} - 0.28\underline{/56.3°}$$

$$= 0.538 + j0.307 - 0.155 - j0.233$$

$$= 0.383 + j0.074$$

$$= 0.39\underline{/10.9°}(A)$$

*例 4-15 电路如图 4-17(a)所示。$R_1 = 4\Omega$，$R_2 = 2\Omega$，$X_{C1} = 2\Omega$，$X_{L2} = 4\Omega$，$\dot{I}_{S1} = 1\underline{/0°}A$，$\dot{I}_{S2} = 0.5\underline{/-90°}A$，当 X_C 为何值时，I_C 可以取得最大值？其最大值是多少？

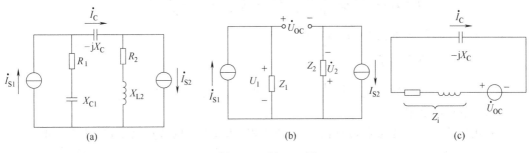

图 4-17 例 4-15 图

解： 本题宜用戴维宁定理求解。为此把 $(-jX_C)$ 作为负载支路，移去支路后的电路如图 4-17(b)所示。图中

$$\dot{U}_1 = (4-j2) \times 1\underline{/0°} = 4-j2(V)$$

$$\dot{U}_2 = (2+j4) \times 0.5\underline{/-90°} = 2-j1(V)$$

$$\dot{U}_{OC} = \dot{U}_1 + \dot{U}_2 = 4-j2+2-j1 = 6-j3 = 6.71\underline{/-26.4°}(V)$$

戴维宁等效复阻抗为

$$Z_i = 4-j2+2+j4 = 6+j2(\Omega)(感性)$$

因此，图 4-17(b)可简化为图 4-17(c)，故

$$\dot{I}_C = \frac{\dot{U}_{OC}}{Z_i - jX_C} = \frac{6.71\underline{/-26.4°}}{6+j(2-X_C)}(A)$$

其有效值为

$$I_C = \frac{6.71}{\sqrt{6^2 + (2-X_C)^2}}$$

显然，当 $X_C = 2\Omega$ 时，I_C 最大，且

$$I_{CM} = \frac{6.71}{6} = 1.12(A)$$

*例 4-16 电路如图 4-18 所示，$R_1 = 3\Omega$，$R_2 = 5\Omega$，$R_3 = 5\Omega$，$X_{L1} = 2\Omega$，$X_{L2} = 6\Omega$，$\dot{U}_{S1} = 40\underline{/0°}V$，$\dot{U}_{S2} = 60\underline{/90°}V$，$\dot{U}_{S3} = 80\underline{/0°}V$，求电源 $\dot{U}_{S1}$ 提供的复功率。

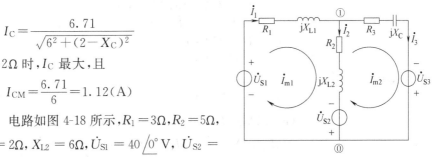

图 4-18 例 4-16 图

解：

(1) 网孔法求解。

与求解电阻电路的方法一样，设网孔电流 $\dot{I}_{m1}$、$\dot{I}_{m2}$ 如图 4-18 所示。

列出网孔电流方程如下：

$$(R_1+jX_{L1}+R_2+jX_{L2})\dot{I}_{m1}-(R_2+jX_{L2})\dot{I}_{m2}$$

$$=\dot{U}_{S1}+\dot{U}_{S2}-(R_2+jX_{L2})\dot{I}_{m1}+(R_2+jX_{L2}+R_3-jX_C)\dot{I}_{m2}$$

$$=\dot{U}_{S3}-\dot{U}_{S2}$$

将题中各数值代入方程，得

$$(8+8j)\dot{I}_{m1}-(5+6j)\dot{I}_{m2}=40\underline{/0°}-60\underline{/90°}x=40+j60$$

$$-(5+6j)\dot{I}_{m1}+(6+5j)\dot{I}_{m2}=-60\underline{/90°}+80\underline{/0°}=-j60+80$$

$$\dot{I}=\dot{I}_{m1}=\frac{(40+j60)(6+j5)+(5+j6)(80-j60)}{(8+j8)(6+j5)-(5+j6)(5+j6)}$$

$$=30.1\underline{/-9.24°}(A)$$

$$\overline{S_1}=\dot{U}\dot{I}^*$$

$$=40\underline{/0°}\times30.1\underline{/9.24°}=1204\underline{/9.24°}(V\cdot A)$$

(2) 节点法求解

设电路中 0 点为参考点，列出节点电压方程，选节点 1 的节点电压 $\dot{U}_{10}$ 为未知量，则

$$\left(\frac{1}{R_1+jX_{L1}}+\frac{1}{R_2+jX_{L2}}+\frac{1}{R_3-jX_C}\right)\dot{U}_{10}=\frac{\dot{U}_{S1}}{R_1+jX_{L1}}-\frac{\dot{U}_{S2}}{R_2+jX_{L2}}-\frac{\dot{U}_{S3}}{R_3-jX_C}$$

将题中各数值代入后，经过复数运算可求得 $\dot{U}_{10}$，而

$$\dot{I}_1=\frac{\dot{U}_{S1}-\dot{U}_{10}}{R_1+X_{L1}}$$

代入数据后可求得

$$\dot{I}_1=30.1\underline{/-9.24°}(A)$$

$$\overline{S_1}=\dot{U}_{S1}\dot{I}_1^*=40\underline{/0°}\times30.1\underline{/9.24°}=120.4\underline{/9.24°}(V\cdot A)$$

(3) 列出 2b 方程和支路电流方程

2b 方程

$$\dot{U}_1=-\dot{U}_{S1}+(R_1+jX_{L1})\dot{I}_1$$

$$\dot{U}_2=(R_2+jX_{L2})\dot{I}_2-\dot{U}_{S2}$$

$$\dot{U}_3=(R_3-jX_C)\dot{I}_3-\dot{U}_{S3}$$

$$-\dot{I}_1+\dot{I}_2+\dot{I}_3=0$$

$$\dot{U}_1+\dot{U}_2=0$$

$$-\dot{U}_2+\dot{U}_3=0$$

支路电流方程

$$-\dot{I}_1+\dot{I}_2+\dot{I}_3=0$$

$$(R_1+jX_{L1})\dot{I}_1+(R_2+jX_{L2})\dot{I}_2=\dot{U}_{S1}+\dot{U}_{S2}$$

$$-(R_2+jX_{L2})\dot{I}_2+(R_3-jX_C)\dot{I}_3=-\dot{U}_{S2}+\dot{U}_{S3}$$

与求 $\overline{S_1}$ 相类似，可求得 $\dot{U}_{S2}$、$\dot{U}_{S3}$ 电源提供的复功率，由此可以验证它们的和等于整个电路

吸收的复功率。

* 例 4-17 电路如图 4-19(a)所示。已知 $Z_1=(120+j300)\Omega$，$Z_2=(90+j60)\Omega$，求 $\dot{U}_{\rm S}$ 和 $\dot{I}_1$ 的相位差为 $45°$ 时，β 等于多少？

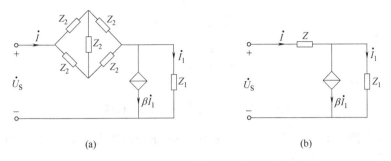

图 4-19 例 4-17 图

解：将原电路简化成如图 4-19(b)所示的电路。由于原电路 5 个 Z_2 连成对称桥，故可将中间 Z_2 支路断开，得

$$Z=\frac{1}{2}(90+j60+90+j60)=90+j60(\Omega)$$

根据 KCL 和 KVL，对图 4-19(b)所示的电路列方程，有

$$\dot{I}=\dot{I}_1+\beta\dot{I}_1$$
$$\dot{U}_{\rm S}=Z\dot{I}+Z_1\dot{I}_1$$
$$\frac{\dot{U}_{\rm S}}{\dot{I}_1}=(1+\beta)Z+Z_1=\left[90(1+\beta)+120\right]+j\left[60(1+\beta)+300\right]$$

要使 $\dot{U}_{\rm S}$ 和 $\dot{I}_1$ 的相位差为 $\varphi_1=45°$，则必须有

$$\varphi_1=\arctan\frac{{\rm Im}\left[(1+\beta)Z+Z_1\right]}{{\rm Re}\left[(1+\beta)Z+Z_1\right]}=45°$$

式中，Im 表示取虚部运算；Re 表示取实部运算。

即

$$\frac{(1+\beta)\times60+300}{(1+\beta)\times90+120}=1$$

所以 $\beta=5$。

则

$$\frac{\dot{U}_{\rm S}}{\dot{I}_1}=90\times(1+5)+120+j\left[60\times(1+5)+300\right]$$
$$=660+j660(\Omega)$$

电流 $\dot{I}_1$ 滞后电压 $\dot{U}_{\rm S}$ 的相位差为 $45°$。

* 例 4-18 如图 4-20 所示电路，已知 $\dot{U}_{\rm S}=80\underline{/0°}\,{\rm V}$，$f=50{\rm Hz}$，当 $Z_{\rm L}$ 改变时，$\dot{I}_{\rm L}$ 的有效值不变，为 $10{\rm A}$，试确定参数 L 和 C 的值。

解：

$$\dot{I}_{\rm L}=\frac{\dfrac{jX_{\rm L}Z_{\rm L}}{Z_{\rm L}+jX_{\rm L}}}{-jX_{\rm C}+\dfrac{jX_{\rm L}Z_{\rm L}}{Z_{\rm L}+jX_{\rm L}}}\dot{U}_{\rm S}\cdot\frac{1}{Z_{\rm L}}$$

整理得

$$\dot{I}_L = \frac{jX_L}{X_L Z_L + jZ_L(X_L - X_C)}\dot{U}_S$$

从式中可以看出,当 $X_L = X_C$ 时, $\dot{I}_L = \dfrac{\dot{U}_S}{-jX_C}$ 与负载阻抗 Z_L 无关。因此

$$10 = \frac{80}{X_C}, \quad X_C = 8\Omega$$

$$C = \frac{1}{8 \times 3.14} = 398.09(\mu F)$$

因为 $X_L = X_C$,所以

$$X_C = 8\Omega, \quad L = \frac{8}{314} = 25.48(mH)$$

* 例 4-19 图 4-21 所示是一个 RC 移相电路,欲使输出电压 $\dot{U}_o$ 与输入电压 $\dot{U}_S$ 相位差为 $180°$,求 R、C 与 ω 的关系。

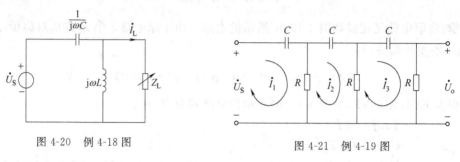

图 4-20　例 4-18 图　　　　　　　图 4-21　例 4-19 图

解:设网孔电流 $\dot{I}_1$、$\dot{I}_2$、$\dot{I}_3$ 如图 4-21 所示,列出网孔方程

$$\left(R + \frac{1}{j\omega C}\right)\dot{I}_1 - R\dot{I}_2 = \dot{U}_S$$

$$-R\dot{I}_1 + \left(2R + \frac{1}{j\omega C}\right)\dot{I}_2 - R\dot{I}_3 = 0$$

$$0 - R\dot{I}_2 + \left(2R + \frac{1}{j\omega C}\right)\dot{I}_3 = 0$$

解上述方程组,可得

$$\dot{I}_3 = \frac{R^2 \dot{U}_S}{R\left(R^2 - \dfrac{5}{\omega^2 C^2}\right) + j\omega\left(6R^2 - \dfrac{1}{\omega^2 C^2}\right)}$$

且

$$\dot{U}_o = R\dot{I}_3$$

欲使 $\dot{U}_o$ 与 $\dot{U}_S$ 相位差为 $180°$,则应使 $\dot{I}_3$ 中的虚部为 0,可得

$$6R^2 = \frac{1}{\omega^2 C^2}$$

进而求得

$$\omega = \frac{1}{\sqrt{6}RC}$$

上式反映了电路角频率与电路参数的关系,为了验证 $\dot{U}_o$ 与 $\dot{U}_S$ 是反相的还是同相的,可将 ω 代入 $\dot{I}_3$ 的表达式,经运算得

$$\dot{U}_o = R\dot{I}_3 = -\frac{\dot{U}_S}{29}$$

为反相。

　　* **例 4-20**　图 4-22 所示是双 T 形选频电路,试说明在电源频率中,只有 $\omega=\dfrac{1}{RC}$ 的角频率成分不能通过。

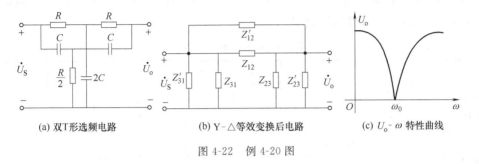

| (a) 双T形选频电路 | (b) Y-△等效变换后电路 | (c) U_o- ω 特性曲线 |

图 4-22　例 4-20 图

　　解:将图 4-22(a)作 Y-△等效变换得图 4-22(b)所示电路,只需求出 Z_{12} 和 Z'_{12} 即可。

$$Z_{12}=2R+\frac{R\cdot R}{\dfrac{1}{\mathrm{j}\omega 2C}}=2R+\mathrm{j}2\omega CR^2$$

$$Z'_{12}=\frac{2}{\mathrm{j}\omega C}+\frac{\dfrac{1}{(\mathrm{j}\omega C)^2}}{\dfrac{R}{2}}=\frac{2}{\mathrm{j}\omega C}-\frac{2}{\omega^2 C^2 R}$$

Z_{12} 与 Z'_{12} 相并联,得

$$Z_1=\frac{Z_{12}\cdot Z'_{12}}{Z_{12}+Z'_{12}}=\frac{2R(1+\mathrm{j}\omega R)}{1-\omega^2 C^2 R^2}$$

当 $\omega=\omega_0$ 时,$Z_1\rightarrow\infty$,则 ω_0 的信号不能通过此电路。即

$$1-\omega_0^2 C^2 R^2=0$$

所以

$$\omega_0=\frac{1}{RC}$$

　　图 4-22(c)所示为输出信号电压有效值随频率 ω 的变化曲线,该电路使输入电源 $\dot{U}_S$ 中角频率为 ω_0 的成分,不能通过电路,在输出信号 $\dot{U}_o$ 中,频率为 ω_0 的成分消失。

　　移相与选频是交流电路中两个非常重要的概念。

4.5　实践项目 5:L、C 的频率特性测定

1. 项目目的

(1)练习使用功率函数信号发生器和晶体管电压表。

(2)测量 L、C 的频率特性。

(3)学习绘制函数图线。

2. 仪器设备

综合实验台、实验线路板、晶体管电压表。

3. 项目实施步骤

（1）测量电容的频率特性

按图 4-23 所示电路接线。调节信号发生器的频率分别为（50、100、150、200、250、300、350）Hz，并维持输出电压的有效值 $U_{PP} = 20V$ 不变，$R_0 = 1000\Omega$，$C = 10\mu F$。测量各种频率下的 U_{R0} 和 U_C，将数据记入表 4-1 中。

表 4-1　电容的频率特性

	f/Hz	50	100	150	200	250	300	350
测量数据	U_{R0}							
	U_C							
计算数据	$I_{R0} = U_{R0}/R_0 (\Omega)$							
	$X_C = U_C/I_{R0} (\Omega)$							
理论值 $X_C = \dfrac{1}{2\pi f C}(\Omega)$		318	159	106	80	64	53	45

（2）测量电感的频率特性

按图 4-24 所示电路接线，形成 $R_0 = 1000\Omega$ 与 $L = 10mH$ 串联电路。调节信号发生器的频率分别为（500、1000、1500、2000、2500、3000、3500）Hz，测量各种频率下的 U_{R0} 和 U_L，将数据记入表 4-2 中。

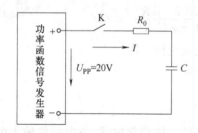

图 4-23　测量电容频率特性图

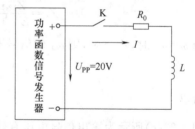

图 4-24　测量电感频率特性图

表 4-2　电感的频率特性

	f/Hz	500	1000	1500	2000	2500	3000	3500
测量数据	U_{R0}							
	U_L							
计算数据	$I_{R0} = U_{R0}/R_0$							
	$X_L = U_L/I_{R0} (\Omega)$							
理论值 $X_L = 2\pi f L(\Omega)$		31	63	94	126	157	188	220

图 4-25 和图 4-26 为频率特性理论值曲线。

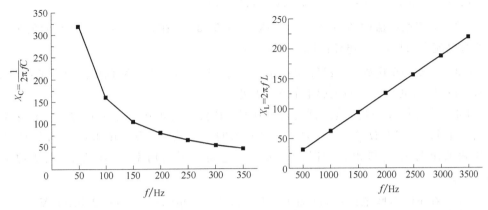

图 4-25 电容频率特性理论值曲线　　　图 4-26 电感频率特性理论值曲线

4. *L*、*C* 频率特性曲线的绘制

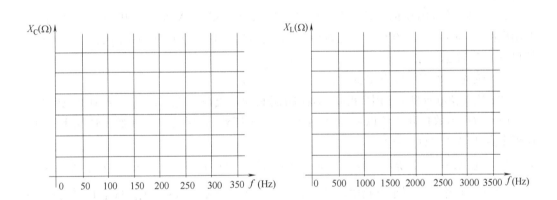

5. 项目结论

（1）根据电容的频率特性曲线，可以得到＿＿＿＿＿＿＿＿＿＿＿＿＿＿＿＿的结论。

（2）根据电感的频率特性曲线，可以得到＿＿＿＿＿＿＿＿＿＿＿＿＿＿＿＿的结论。

6. 注意事项

（1）接通电源前，先检查"幅度调节"旋钮是否调到最左端使输出电压在零的位置。同时，"输出衰减"旋钮也应打到输出电压最小位置。

（2）函数信号发生器的输出功率不能超过额定值，即外接负载的阻抗值不能太小，更要防止输出端接线时红黑夹子碰到一起造成短路。

（3）电压表接通电源后，要先将输入端短路，即调节"调零"旋钮，使指针指零。

习　题　4

4-1　试将下列各时间函数用对应的相量来表示：

(1)$i_1=5\sin\omega t$ A,$i_2=10\sin(\omega t+60°)$A；(2) $i=i_1+i_2$

4-2   某正弦电流的频率为 20Hz,有效值为 $5\sqrt{2}$A。在 $t=0$ 时,电流的瞬时值为 5A,且此时电流在增加,求该电流的瞬时值表达式。

4-3   已知一个电感 $L=2$H,接在 $u=220\sqrt{2}\sin(314t-60°)$V 的电源上。求:(1)$X_L$；(2)通过电感的电流 i_L；(3)电感上的无功功率 Q_L。

4-4   荧光灯导通后,镇流器与灯管串联,其模型为电阻与电感串联,一个荧光灯电路的电阻 $R=300\Omega$,$X_L=500\Omega$,工频电源的电压为 220V。试求:(1)灯管两端的电压和工作电流,并画出相量图;(2)荧光灯电路的平均功率、视在功率、无功功率和功率因数。

4-5   在 RC 串联电路中,已知 $R=100\Omega$,$C=100\mu$F,$u_S=100\sqrt{2}\sin100t$V,求 i、u_R 和 u_C。

4-6   在 RLC 串联电路中,已知 $R=5$kΩ,$L=6$mH,$C=0.001\mu$F,$u_S=5\sqrt{2}\sin10^6t$V。(1)求电流 i 和各元件上的电压,画出相量图;(2)当角频率变为 2×10^5 rad/s 时,电路的性质有无改变。

4-7   某单相 50Hz 的交流电源,其额定容量 $S=40$kV·A,额定电压 $U=220$V,供给照明电路,若负载都是 40W 的荧光灯(可认为是 RL 串联电路),其功率因数为 0.5,试求解以下 3 个问题。

(1) 荧光灯最多可以点多少盏?

(2) 用补偿电容将功率因数提高 1,这时电路的总电流是多少? 需用多大的补偿电容?

(3) 功率因数提高 1 倍以后,除供给以上荧光灯外,若保持电源在额定情况下工作,还可多点 40W 白炽灯多少盏?

4-8   已知图 4-27 所示电路中各元件参数,$\dot{U}_S=220\underline{/60°}$V,求电压 $\dot{U}_1$ 和电流 $\dot{I}_2$。

* 4-9   在图 4-28 所示电路中,已知 $\dot{I}_C=4\underline{/90°}$A,$R=X_L=X_C=2\Omega$。试求 $\dot{U}$、$\dot{I}_L$、$\dot{I}_R$、电路的有功功率 P 及功率因数 λ,并画出电流、电压相量图。

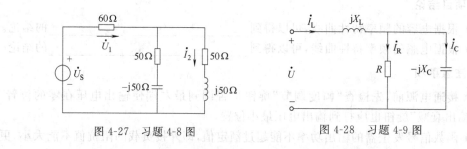

图 4-27   习题 4-8 图   图 4-28   习题 4-9 图

* 4-10   在图 4-29 所示正弦电流电路中,$L=0.01$H,$C=0.01$F,$R\neq0$,$i_S=10\sqrt{2}\sin\omega t$A。问角频率 ω 为多少时,电压 u 与 R 无关? 并求出此情况下 u 的表达式。

* 4-11   在图 4-30 所示电路中,$u_S=2\sqrt{2}\sin\omega t$V,$\omega=10^3$ rad/s,求 i_L。

* 4-12   在图 4-31 所示电路中,$\dot{U}=100\underline{/0°}$V,$R=\omega L=\dfrac{1}{\omega C}=2\Omega$。试求:(1)各支路电流相量并画出电流相量图;(2)电路吸收的有功功率和无功功率。

* 4-13 电路如图 4-32 所示,问阻抗 Z_L 为多大时获得最大功率? 此最大功率为多少?

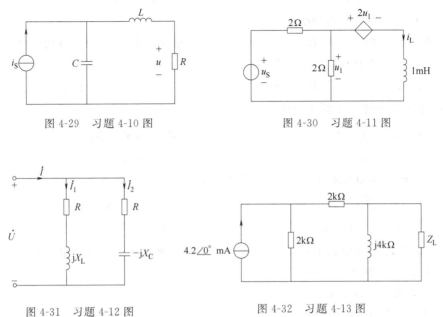

图 4-29 习题 4-10 图   图 4-30 习题 4-11 图

图 4-31 习题 4-12 图   图 4-32 习题 4-13 图

测　验　4

1. 在以(ωt)为横轴的电流波形图中,取任一角度所对应的电流值叫该电流的(　　)。

A. 瞬时值　　　　　B. 有效值　　　　　C. 平均值　　　　　D. 最大值

2. 已知正弦交流电流 $i = 100\pi \sin(100\pi t + \psi_i)$,则电流的最大值为(　　)。

A. 70.7　　　　　B. 100　　　　　C. 70.7π　　　　　D. 100π

3. 已知 $i = 2\sqrt{2}\sin(314t - \pi/4)$A,通过 $R = 2\Omega$ 的电阻时,消耗的功率是(　　)。

A. 16W　　　　　B. 25W　　　　　C. 8W　　　　　D. 4W

4. 已知正弦交流电压 $u = 220\sin(314t - 30°)$,则其角频率为(　　)。

A. 30　　　　　B. 220　　　　　C. 50　　　　　D. 100π

5. 在正弦交流电的波形图上,若两个正弦量正交,说明这两个正弦量的相位差是(　　)。

A. $180°$　　　　　B. $60°$　　　　　C. $90°$　　　　　D. $0°$

6. 在感性电路中,电压与电流的相位差(　　)。

A. 小于零　　　　　B. 等于零　　　　　C. 大于零　　　　　D. 不确定

7. 加在容抗 $X_C = 100\Omega$ 的电容两端的电压 $u_C = 100\sin(100\pi t - \pi/6)$V,则通过它的电流是(　　)。

A. $i_C=\sin(\omega t+\pi/3)$ A 　　B. $i_C=\sin(\omega t+\pi/6)$ A

C. $i_C=1/\sqrt{2}\sin(\omega t+\pi/3)$ A 　　D. $i_C=1/\sqrt{2}\sin(\omega t+\pi/6)$ A

8. 纯电感电路的平均功率等于(　　　)。

A. 瞬时功率　　　B. 0　　　　C. 最大功率　　　D. 有功功率

9. 纯电容电路两端电压超前电流(　　　)。

A. 90°　　　　B. −90°　　　　C. 45°　　　　D. 180°

10. 在电阻和电容串联电路中,阻抗模的求法 $|Z|$ 为(　　　)。

A. $|Z|=R+X_C$ 　　B. $|Z|=\sqrt{R^2+X_C^2}$

C. $|Z|=u_C/i_C$ 　　D. $|Z|=U_{Cm}/I_C$

11. 在 RLC 串联电路中,下列关系式正确的是(　　　)。

A. $U=\sqrt{U_R^2+(U_L-U_C)^2}$ 　　B. $U=IR+I(X_L+X_C)$

C. $U=U_R+U_L+U_C$ 　　D. $|Z|=\sqrt{R^2+(X_L+X_C)^2}$

12. 在 RLC 串联电路中,当电源电压大小不变而频率从 0 逐渐增加到无穷大的过程中,电路中的电流值将(　　　)。

A. 从零一直增加

B. 从无穷大减小到零

C. 从零增大到某一最大值,又减小到零

D. 一直不变

13. 已知 $R=X_L=X_C=10\Omega$,则三者串联后的等效阻抗为(　　　)。

A. 10Ω　　　B. 14.14Ω　　　C. 22.36Ω　　　D. 20Ω

14. 纯电容正弦交流电路中,增大电源频率,其他条件不变时,电路中电流会(　　　)。

A. 增大　　　　　　B. 减小

C. 不变　　　　　　D. 增大或减小

15. 在交流电路中,总电压与总电流的乘积叫交流电路的(　　　)。

A. 有功功率　　B. 无功功率　　C. 瞬时功率　　D. 视在功率

16. 在交流电路的功率三角形中,功率因数 $\cos\varphi$ 为(　　　)。

A. 无功功率/视在功率　　　B. 无功功率/有功功率

C. 有功功率/视在功率　　　D. 视在功率/无功功率

17. 电感元件通过正弦电流时的有功功率为(　　　)。

A. $P=ui=0$　　B. $P=0$　　　C. $P=I_L^2X_L$　　D. $P=i^2X_L$

18. 在频率为 f 的正弦电流电路中,一个电感的感抗等于一个电容的容抗。当频率变为 $2f$ 时,感抗为容抗的(　　　)。

A. $\dfrac{1}{4}$　　　B. $\dfrac{1}{2}$　　　　C. 4 倍　　　　D. 2 倍

19. 在图 4-33 所示正弦电流电路中,开关 S 闭合后,如果 $B_C<B_L$,电流表读数将(　　　)。

A. 增大　　　B. 减少　　　C. 不变　　　D. 不能确定

20. 如图 4-34 所示,正弦电流通过电容元件时,电压、电流的关系为(　　　)。

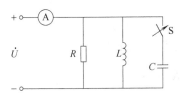

图 4-33　测验题 19 图

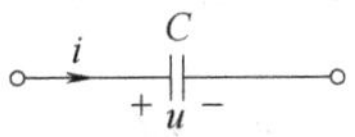

图 4-34　测验题 20 图

A. $\dot{I}=j\omega C\dot{U}$　　　B. $i=\omega Cu$　　　C. $I=j\omega CU$　　　D. $I=\dfrac{U}{C}$

21. 由 R、L、C 作任意联接组成二端网络,在正弦激励下,若该网络的无功功率为零,则意味着(　　　)。

　　A. 所有元件的无功功率都一定为零

　　B. 所有元件的平均储能都为零

　　C. 电感元件吸收的无功功率等于电容元件提供的无功功率

　　D. u 超前 i 的角度为 $90°$

22. 如图 4-35 所示,正弦电流通过电阻元件时,若 $u=U_m\cos(\omega t+\psi_u)$,则下列关系中正确的是(　　　)。

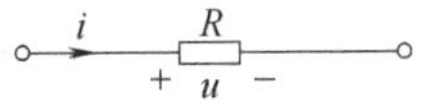

图 4-35　测验题 22 图

　　A. $I=\dfrac{u}{R}$　　　　　　　　　　　　B. $i=\dfrac{U}{R}$

　　C. $i=\dfrac{U_m\sin(\omega t+\psi_u)}{R}$　　　　D. $\dot{U}_m=RI\underline{/\psi_i}$

23. 如图 4-36 所示,正弦电流通过电感元件时,下列关系中正确的是(　　　)。

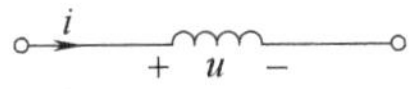

图 4-36　测验题 23 图

　　A. $\dot{U}=j\omega L\dot{I}$　　　　　　　　　　B. $u=j\omega Li$

　　C. $\dot{U}=L\dfrac{d\dot{I}}{dt}$　　　　　　　　　D. $U=j\omega LI$

24. 图 4-37 所示正弦网络 N 中,i 比 u 超前 $110°$,则网络(　　　)。

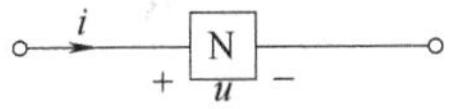

图 4-37　测验题 24 图

　　A. 发出功率　　　　　　　　　　B. 吸收功率

　　C. 既不发出也不吸收功率　　　　D. 不确定

25. RC 串联电路阻抗的模 $|Z|$ 等于（　　）。

　　A. $\sqrt{R^2+(\omega C)^2}$　　　　　　　　　B. $\sqrt{R^2+\left(\dfrac{1}{\omega C}\right)^2}$

　　C. $R-\mathrm{j}\omega C$　　　　　　　　　　　D. $R+\dfrac{1}{\mathrm{j}\omega C}$

26. 无源二端网络的端口电压和端口电流的波形如图 4-38 所示,则该网络为（　　）。

　　A. 电阻性网络　　B. 容性网络　　　　C. 感性网络　　　　D. 无法判断

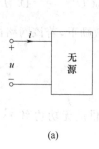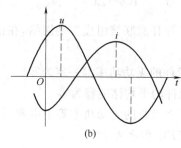

(a)　　　　　　　　　　　　　　(b)

图 4-38　测验题 26 图

27. 影响感抗和容抗大小的因素是正弦信号的（　　）。

　　A. 振幅值　　　　B. 初相位　　　　C. 频率　　　　　D. 相位

28. 正弦电流电路的平均功率 P、无功功率 Q 和视在功率 S 三者中有的守恒,有的不一定守恒。守恒的为（　　）。

　　A. P 和 Q　　　B. P 和 S　　　C. Q 和 S　　　D. S

29. 已知某二端网络的输入阻抗为 $Z=R+\mathrm{j}X$,端口正弦电压和电流的有效值分别为 U 和 I,则网络的平均功率为（　　）。

　　A. $\dfrac{U^2}{R}$　　　　B. $\dfrac{U^2}{|Z|}$　　　　C. $I^2 R$　　　　D. $I^2|Z|$

30. 某二端网络所吸收的平均功率为零,所吸收的无功功率为 -5Var,则该网络可等效为（　　）。

　　A. 电容　　　　　　　　　　　　B. 电感

　　C. 电阻　　　　　　　　　　　　D. 电阻与电容串联的电路

31. 某二端网络的输入阻抗为 $Z=(10+\mathrm{j}10)\Omega$,则输入导纳为（　　）。

　　A. $(0.1-\mathrm{j}0.1)\text{S}$　　　　　　　　B. $(0.05-\mathrm{j}0.05)\text{S}$

　　C. $(0.1-\mathrm{j}0.1)\text{S}$　　　　　　　　D. $(0.05+\mathrm{j}0.05)\text{S}$

32. 对 R、L 串联电路,下列各式中正确的是（　　）。

　　A. $\dot{I}=\dfrac{\dot{U}}{R+\omega L}$　　　　　　　B. $I_\mathrm{m}=\dfrac{U_\mathrm{m}}{R+\mathrm{j}\omega L}$

　　C. $U=U_\mathrm{R}+U_\mathrm{L}$　　　　　　　D. $\dot{U}=R\dot{I}+\mathrm{j}\omega L\dot{I}$

33. 若电流相量 $\dot{I}=(-1+\mathrm{j}\sqrt{3})\text{A}$,则电流的函数表达式为（　　）。

　　A. $2\sin(\omega t-60°)\text{A}$　　　　　　B. $2\sqrt{2}\sin(\omega t-60°)\text{A}$

　　C. $2\sqrt{2}\sin(\omega t+120°)\text{A}$　　　　D. $2\sin(\omega t-120°)\text{A}$

功率因数、谐振和互感

学习目标

(1) 了解提高功率因数的意义;

(2) 掌握实践中提高功率因数的方法;

(3) 了解电路谐振的条件与特征;

(4) 知道互感系数及耦合系数的内涵;

(5) 了解含互感正弦交流电路的分析方法。

5.1　功率因数的提高

在讨论电阻、电感和电容串联的交流电路时,引出了交流电路的功率因数,其中 φ 是电压与电流间的相位差或负载的阻抗角,φ 的大小取决于负载的参数,负载的功率因数介于 0 和 1 之间。

当功率因数不等于 1 时,电路中发生能量交换,出现无功功率。φ 角越大,功率因数越低,发电机所发出的有功功率就越小,而无功功率就越大。无功功率越大,即电路中能量交换的规模越大,发电机发出的能量就不能充分为负载所吸收,其中有一部分在发电机与负载之间进行交换,这样,发电设备的容量就不能充分利用。

例如,容量为 $1000\text{kV} \cdot \text{A}$ 的变压器,如果 $\cos\varphi = 1$,即能够发出 1000kW 的有功功率,而在 $\cos\varphi = 0.7$ 时,则只能发出 700kW 的功率。

当发电机的电压 U 和输出的功率 P 一定时,电流 I 与功率因数成反比,即

$$I = \frac{P}{U\cos\varphi}$$

而电路和发电机绕组上的功率损耗 P_L 与 $\cos\varphi$ 的平方成反比,即

$$P_L = I^2 r = \left(\frac{p^2}{U^2 \cos^2 \varphi} \right) r = \frac{p^2 r}{U^2} \frac{1}{\cos^2 \varphi}$$

式中,r 是线路及发电机绕组的电阻。

由上可知,功率因数的提高,能使发电设备的容量得到充分利用,同时可降低线路的损耗。电力负载中,绝大部分是感性负载,如企业中大量使用的感应电动机、照明用的荧光灯、控制电路中的接触器等都是感性负载。感性负载的电流滞后于电压 φ 角,φ 角总不会为零,所以 $\cos\varphi$ 总是小于 1。例如,生产中最常用的异步电机在额定负载时的功率因数为 $0.7 \sim 0.9$,在轻载时功率因数低于 0.5。电感性负载的功率因数之所以小于 1,是由于负载本身需要一定的无功功率。提高功率因数,也就是既减少电源与负载之间能量的交换,又使电感性负载能取得所需的无功功率。

提高功率因数,常用的方法是电容器与感性负载并联,其电路图和相量图如图 5-1 所示。在图中,RL 串联部分代表一个电感性负载,它的电流 $\dot{I}_1$ 滞后于电源电压 $\dot{U}$ 的相位 φ_1。在电源电压不变的情况下,并入电容 C,并不会影响电流的大小和相位,但总电流由原来的 $\dot{I}_1$ 变成了 $\dot{I}$,即 $\dot{I} = \dot{I}_1 + \dot{I}_C$,且 $\dot{I}$ 与电源电压的相位差由原来的 φ_1 减小为 φ,所以,$\cos\varphi$ 大于 $\cos\varphi_1$,功率因数提高,据此,可导出所需并联电容 C 的计算公式为

$$C = \frac{P}{\omega U^2} (\tan\varphi_1 - \tan\varphi) \tag{5-1}$$

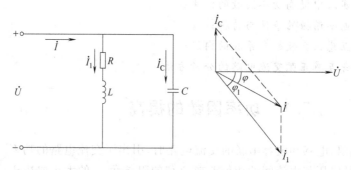

图 5-1　感性负载并联电容提高功率因数

另外需注意的是,这里所讨论的提高功率因数是指提高电源或电网的功率因数,而某个电感性负载的功率因数并没有变。

在感性负载上并联了电容器以后,减少了电源与负载之间的能量交换,这时,电感性负载所需要的无功功率,大部分或全部是就地供给(由电容器供给)的,就是说能量的交换现在主要或完全发生在电感性负载与电容器之间,因而使发电机容量能得到充分利用。其次,由相量图知,并联电容器以后线路电流减小了,因而线路的功率损耗也减小了。还需注意的是,采用并联电容器的方法,电路有功功率未改变,因为电容器是不消耗电能的,负载的工作状态不受影响,因此该方法在实际中得到了广泛应用。

例 5-1　一感性负载与 220V、50Hz 的电源相接,其功率因数为 0.7,消耗功率为 4kW,若要把功率因数提高到 0.9,应加接什么元件? 其元件值如何?

解:应并联电容,如图 5-1 所示,并联电容前感性负载的功率因数角为 φ_1,并联电容后电路的功率因数角为 φ。并联电容前感性负载的无功功率为:

$$Q_1 = P\tan\varphi_1 = 4 \times 10^3 \times 1.02 = 4.08(\text{kVar})$$

补偿后的无功功率：

$$Q_2 = P\tan\varphi = 4 \times 10^3 \times 0.484 = 1.936(\text{kVar})$$

设所需电容的无功功率为 Q_C，则有

$$P\tan\varphi = P\tan\varphi_1 + Q_C$$

而

$$Q_C = -U^2\omega C$$

所以

$$C = \frac{1}{U^2\omega}(P\tan\varphi_1 - P\tan\varphi) = \frac{1}{220^2 \times 314}(4080 - 1936)\text{F} = 141(\mu\text{F})$$

例 5-2 一台功率为 11kW 的感应电动机，接在 220V、50Hz 的电路中，电动机需要的电流为 100A。

（1）求电动机的功率因数；

（2）若要将功率因数提高到 0.9，应在电动机两端并联一个多大的电容器？

（3）计算并联电容器后的电流值；

（4）若再将功率因数提高到 1，应再在电动机两端并联一个多大的电容器？

解：

（1）$\cos\varphi_1 = \dfrac{P}{UI_L} = \dfrac{11 \times 10^3}{220 \times 100} = 0.5$，　$\varphi_1 = \arccos 0.5 = 60°$

（2）$\varphi_2 = \arccos 0.9 = 25.8°$

$$C = \frac{P}{2\pi f U^2}(\tan\varphi_1 - \tan\varphi_2) = \frac{11 \times 10^3}{2 \times 3.14 \times 50 \times 220^2}(\tan 60° - \tan 25.8°) \approx 900(\mu\text{F})$$

（3）$I = \dfrac{P}{U\cos\varphi_2} = \dfrac{11 \times 10^3}{220 \times 0.9} = 55.6(\text{A})$

（4）$\varphi_3 = \arccos 1 = 0°$

$$C' = \frac{P}{2\pi f U^2}(\tan\varphi_2 - \tan\varphi_3) = \frac{11 \times 10^3}{2 \times 3.14 \times 50 \times 220^2}(\tan 25.8° - \tan 0°) \approx 350(\mu\text{F})$$

$$I' = \frac{P}{U\cos\varphi_3} = \frac{11 \times 10^3}{220 \times 1} = 50(\text{A})$$

5.2　电路的谐振与端口测试

在交流电路中，由于存在电容、电感元件的电抗，一般来讲，电路两端的电压 u 与通过其的电流 i 都不同相。但电容和电感性质相反，感抗和容抗又都与频率有关，因此，当电源满足某一特定的频率时，就会出现电路两端的电压和其中的电流同相的情况，这种现象称为谐振。

这样的 LC 电路称为谐振电路。谐振电路在电子线路中应用很广，而在某些情况下，谐振会破坏电路的正常工作。按照发生谐振的电路的不同，谐振分串联谐振和并联谐振两种。

5.2.1　串联谐振

1. 串联谐振电路

如图 5-2 所示的电路，在正弦电压 $u = \sqrt{2}U\sin\omega t$ 的激励

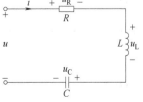

图 5-2　串联谐振电路

下,其输入复阻抗为

$$Z = R + j(X_L - X_C) = R + j\left(\omega L - \frac{1}{\omega C}\right) \tag{5-2}$$

若 $X_L - X_C = 0$,则 $Z = R$,此时,电路相当于一个纯电阻电路,电压与电流同相,即发生谐振现象。由于是 R、L、C 元件串联,所以叫串联谐振,串联谐振的条件为:

$$X_L = X_C$$

由此得出串联谐振的角频率 ω_0 或频率 f_0。

$$\omega_0 L - \frac{1}{\omega_0 C} = 0$$

则

$$\omega_0 = \frac{1}{\sqrt{LC}} \text{rad/s} \tag{5-3}$$

$$f_0 = \frac{1}{2\pi\sqrt{LC}} \tag{5-4}$$

由式(5-4)可见,谐振频率是由电路本身的参数 L、C 决定的,所以又叫电路的固有频率。实现电路谐振可用以下两种方法:①当外加信号源频率 ω 一定时,可通过调节电路参数 L、C 或电源频率 ω_0 实现;②当电路参数 L、C 一定时,可通过改变信号源的角频率实现。

2. 串联谐振的特点

(1)串联谐振时,电路的阻抗最小且为纯电阻性质。

由于谐振时,$X = 0$,所以网络的复阻抗为一实数,即

$$Z_0 = |Z_0| = \sqrt{R^2 + (X_L - X_C)^2} = R \tag{5-5}$$

(2)电流的有效值将达最大,且电流与外施电压同相。

若 $u = \sqrt{2}U\sin\omega t$,则回路电流

$$\dot{I} = \frac{\dot{U}}{Z} = \frac{\dot{U}}{R + j\left(\omega L - \frac{1}{\omega C}\right)}$$

谐振时,阻抗 $Z = R$ 最小,所以回路电流

$$\dot{I}_0 = \frac{\dot{U}}{R} \tag{5-6}$$

且 $\dot{I}_0$ 与 $\dot{U}$ 同相,此时 $\dot{U}_R = R\dot{I}_0 = \dot{U}$。

那么,谐振时电感和电容上是否就没有电压呢?

(3)串联谐振时,电感电压和电容电压的有效值相等,且等于外加电压的 Q 倍,为

$$\dot{U}_{L0} = \dot{I}_0 j\omega_0 L = \frac{\dot{U}}{R}j\omega_0 L = j\frac{\omega_0 L}{R}\dot{U} = jQ\dot{U} \tag{5-7}$$

$$\dot{U}_{C0} = \dot{I}_0 \frac{1}{j\omega_0 C} = \frac{\dot{U}_S}{R} \times \frac{1}{j\omega_0 C} = -j\frac{1}{\omega_0 CR}\dot{U} = -jQ\dot{U}$$

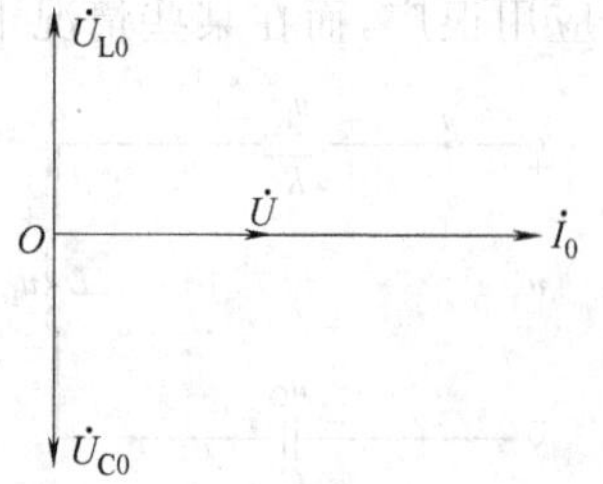

图 5-3　串联谐振电路相量图

$\dot{U}_{L0}$ 与 $\dot{U}_{C0}$ 反相而相互"抵消",对于整个电路

$$\dot{U}_{L0} + \dot{U}_{C0} = 0$$

但单独考虑 $\dot{U}_{L0}$ 和 $\dot{U}_{C0}$ 时,若 $Q > 1$,则

$$U_{L0} = U_{C0} > U$$

因为串联谐振时 U_{L0} 和 U_{C0} 可能超过总电压的许多倍,所以串联谐振又叫电压谐振。而电路 Q 值一般在 $50 \sim 200$ 之间,因此,在电路谐振时,即使外加电压不高,在电感 L 和电容 C 上的电压会远高于外施电压,这是一种非常重要的物理现象。在无线电通信技术中,利用这一特性,可从接收到的具有各种频率分量的微弱信号中,将所需信号取出。但在电力系统中,应尽量避免电压谐振,以防止产生高压而造成事故。

(4)谐振时,能量只在 R 上消耗,而电容和电感只周期性地进行磁场能量与电场能量转换。电源和电路之间没有能量转换。

例 5-3 某收音机的输入回路(调谐电路)可以用 RLC 串联组合作为模型,其中 $L = 0.233\text{mH}$,可调电容的变化范围从 $C_1 = 42.5\text{pF}$ 至 $C_2 = 360\text{pF}$。试求此串联电路谐振频率的范围。

解: $C_1 = 42.5\text{pF}$ 时的谐振频率

$$f_{01} = \frac{1}{2\pi\sqrt{LC_1}} = \frac{1}{2\pi\sqrt{0.233 \times 10^{-3} \times 42.5 \times 10^{-12}}}$$
$$= 1600 \times 10^3 \text{Hz} = 1600\text{kHz}$$

$C_2 = 360\text{pF}$ 时的谐振频率

$$f_{02} = \frac{1}{2\pi\sqrt{LC_2}} = \frac{1}{2\pi\sqrt{0.233 \times 10^{-3} \times 360 \times 10^{-12}}}$$
$$= 550 \times 10^3 \text{Hz} = 550\text{kHz}$$

所以此电路的谐振频率范围为 $550\text{k} \sim 1600\text{kHz}$。

例 5-4 在 RLC 串联谐振电路中,$U = 25\text{mV}$,$R = 50\Omega$,$L = 4\text{mH}$,$C = 160\text{pF}$。

(1)求电路的 f_0、I_0、ρ、Q 和 U_{C0}。

(2)当端口电压不变,频率变化 10% 时,求电路中的电流和电压。

解:

(1)谐振频率 $f_0 = \dfrac{1}{2\pi\sqrt{LC}} = \dfrac{1}{2\pi\sqrt{4 \times 10^{-3} \times 160 \times 10^{-12}}} \approx 200(\text{kHz})$

端口电流 $I_0 = \dfrac{U}{R} = \dfrac{25}{50} = 0.5(\text{mA})$

特性阻抗 $\rho = \omega_0 L = \dfrac{1}{\omega_0 C} = \sqrt{\dfrac{L}{C}} = \sqrt{\dfrac{4 \times 10^{-3}}{160 \times 10^{-12}}} = 5000(\Omega)$

品质因数 $Q = \dfrac{\rho}{R} = \dfrac{5000}{50} = 100$

$U_{L0} = U_{C0} = QU = 100 \times 25 = 2500\text{mV} = 2.5(\text{V})$

(2)当端口电压频率增大 10% 时,

$$f = f_Q(1 + 0.1) = 220(\text{kHz})$$

感抗 $X_L = 2\pi L = 2\pi \times 10^3 \times 220 \times 4 \times 10^{-3} = 5526(\Omega)$

容抗 $X_C = \dfrac{1}{2\pi fC} = \dfrac{1}{2\pi \times 220 \times 10^3 \times 160 \times 10^{-12}} = 4523(\Omega)$

阻抗的模 $|Z| = \sqrt{R^2 + (X_L - X_C)^2} = \sqrt{50^2 + (5526 - 4523)^2} \approx 1000(\Omega)$

电流 $I = \dfrac{U}{|Z|} = \dfrac{25}{1000} = 0.025(\text{mA})$

电容电压 $U_C = X_C I = 4523 \times 0.025 = 113(\text{mV})$

可见,激励电压频率偏离谐振频率少许,端口电流、电容电压会迅速衰减。

3. 频率特性

谐振回路中,电流和电压随频率变化的特性,称为频率特性,它们随频率变化的曲线称为谐振曲线。下面以电流谐振曲线为例来看一下回路中电流的幅值与外加电压频率之间的关系。由图5-4所示曲线可知,在任意频率 ω 下,回路电流

$$\dot I = \frac{\dot U}{R + \mathrm{j}\left(\omega L - \dfrac{1}{\omega C}\right)}$$

电流的模

$$I = \frac{U}{\sqrt{R^2 + \left(\omega L - \dfrac{1}{\omega C}\right)^2}} \tag{5-8}$$

若 L、C、R 及 U 都不改变时,电流 I 将随 ω 发生变化,由式(5-8)可作出电流随频率变化的曲线,如图5-4所示。当电源频率正好等于谐振频率 ω_0 时,电流有一最大值 $I_0 = \dfrac{U}{R}$,当电源频率向着 $\omega > \omega_0$ 或 $\omega < \omega_0$ 方向偏离谐振频率 ω_0 时,Z 都逐渐增大,电流则逐渐变小至零。电流通用的谐振曲线如图5-5所示。

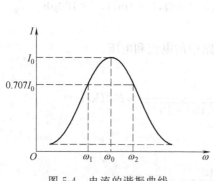

图5-4　电流的谐振曲线

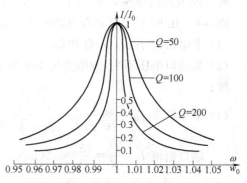

图5-5　通用谐振曲线

这说明只有在谐振频率附近,电路中的电流才有较大值,偏离这一频率,电流值则很小,这一把谐振频率附近的电流选择出来的特性称为频率选择性。谐振回路的频率选择性的好坏可用通频带宽度 Δf 来衡量。在谐振频率 f_0 两端,当电流 I 下降至谐振电流 I_0 的 $\dfrac{1}{\sqrt{2}} = 0.707$ 倍时,所覆盖的频率范围,称为通频带 $\Delta f = f_2 - f_1 (\Delta\omega = \omega_2 - \omega_1)$,$\Delta f$ 越

小,谐振曲线越尖锐,表明电路的选择性就越好。

例 5-5 一个 RLC 串联谐振电路,已知:$C = 100 \text{pF}$,$R = 10\Omega$,端口激励电压 $u = \sqrt{2}\sin(3\pi \times 10^6 t)\text{mV}$。求:①电感元件参数 L;②电路的品质因数 Q;③通频带 Δf。

解: 由已知条件得,谐振频率 $\omega_0 = 3\pi \times 10^6 \text{rad/s}$,则 $f_0 = \dfrac{\omega_0}{2\pi} = 1.5 \text{MHz}$,激励电压有效值 $U = 1\text{mV}$。

① 由 $\omega_0 = \dfrac{1}{\sqrt{LC}}$ 得

$$L = \frac{1}{\omega_0^2 C} = \frac{1}{(3\pi \times 10^6)^2 \times 100 \times 10^{-12}} = 112.6(\mu\text{H})$$

② 品质因数 $Q = \dfrac{\omega_0 L}{R} = \dfrac{3\pi \times 10^6 \times 112.6 \times 10^{-6}}{10} \approx 106$

③ 通频带 $\Delta f = \dfrac{1}{Q} f_0 = \dfrac{1.5 \times 10^6}{106} \approx 14.3(\text{kHz})$

5.2.2 并联谐振

1. 并联谐振电路

并联谐振电路如图 5-6 所示。

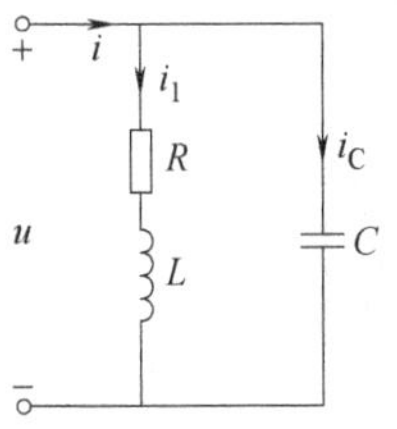

$$Z_1 = R + j\omega L, \quad Z_C = \frac{1}{j\omega L}$$

$$Z = \frac{Z_1 Z_C}{Z_1 + Z_C} = \frac{(R + j\omega L)\dfrac{1}{j\omega C}}{R + j\omega L + \dfrac{1}{j\omega C}}$$

图 5-6 并联谐振电路

所以

$$Z \approx \frac{\dfrac{L}{C}}{R + j\omega L + \dfrac{1}{j\omega C}} = \frac{1}{\dfrac{RC}{L} + j\left(\omega C - \dfrac{1}{\omega L}\right)}$$

谐振时,阻抗的虚部为零,故有:

$$\omega_0 C - \frac{1}{\omega_0 L} = 0$$

谐振角频率为:

$$\omega_0 = \frac{1}{\sqrt{LC}}$$

谐振频率为:

$$f_0 = \frac{1}{2\pi \sqrt{LC}} \tag{5-9}$$

在 $\omega L \gg R$ 的情况下,并联谐振电路与串联谐振电路的谐振频率相同。并联谐振时,$\varphi = 0$,电压与电流同相,阻抗为 $Z = \dfrac{L}{RC}$,阻抗的模最大,在外加电压一定时,电路的总电流最小。

2. 并联谐振时的特点

(1) 并联谐振时,网络的阻抗最大或接近最大

$$X_L = X_C \qquad (5\text{-}10)$$

电路为纯电阻性。

（2）谐振时，阻抗最大，在电源电压一定时，总电流最小且与电源电压同相，其值为

$$I_0 = \frac{U}{|Z|} = \frac{U}{R} = I_R \qquad (5\text{-}11)$$

（3）谐振时，电感和电容上的电流相等，且为总电流的 Q 倍，即

$$I_C = I_L = \frac{U}{\omega_0 L} = \frac{U}{R} \times \frac{R}{\omega_0 L} = Q I_0 \qquad (5\text{-}12)$$

式中，Q 为并联谐振回路的品质因数，其值为

$$Q = \frac{R}{\omega_0 L} = \omega_0 CR \qquad (5\text{-}13)$$

可见谐振时电感和电容支路上的电流可能远远大于端口电流，所以并联谐振又叫电流谐振。由于电感和电容上的电流大小相等，相位相反，故两者完全抵消。

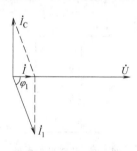

图 5-7　并联谐振时电压和电流相量图

（4）谐振时电压、电流的相量图如图 5-7 所示。

例 5-6　$R = 10\,\Omega$、$L = 100\,\mu H$ 的线圈和 $C = 100\,pF$ 的电容器构成并联谐振回路，信号源的电流为 $1\,\mu A$。试求谐振时的角频率、阻抗、端口电压、线圈电流、电容器电流。

解：谐振角频率

$$\omega_0 \approx \sqrt{\frac{1}{LC}} = \sqrt{\frac{1}{100 \times 10^{-6} \times 100 \times 10^{-12}}} = \sqrt{10^{14}} = 10^7 \,(\text{rad/s})$$

谐振时的阻抗

$$Z_0 = \frac{L}{RC} = \frac{100 \times 10^{-6}}{10 \times 100 \times 10^{-12}} = 10^5 \,(\Omega)$$

并联谐振时的阻抗为线圈电阻 R 值的 10000 倍。

谐振时端口电压

$$U = Z_0 I_S = 10^5 \times 10^{-6} = 0.1 \,(\text{V})$$

谐振时线圈的品质因数

$$Q_L = \frac{\omega_0 L}{R} = \frac{10^7 \times 100 \times 10^{-6}}{10} = 100$$

谐振时的线圈电流和电容器电流

$$I_{RL} \approx I_C = Q_L I_S = 100 \times 10^{-6} = 10^{-4} \,(\text{A})$$

谐振时回路吸收的功率

$$P = I_C^2 R = (10^{-4})^2 \times 10 = 10^{-7}\,\text{W} = 0.1 \,(\mu\text{W})$$

5.2.3　无源单口网络的端口测试

对于无源单口网络来讲，对其端口测试的目的是要得到此无源电路最简等效电路中的元件参数值。由前面讲到的单口无源电路的阻抗定义及其等效电路可知，端口测试可得到用阻抗表示的串联等效电路，其类型如图 5-8 所示。

在实际工作中常常遇到电路结构及元件参数都不知道的无源单口网络，需要求出此

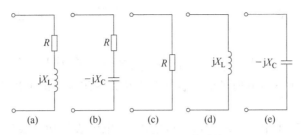

图 5-8　单口无源电路的等效模型

电路的最简等效电路及其中的元件参数值。只要用常用的电工测量仪表,如电压表、电流表及功率表和常用的电路器件,如线圈、电容器等对无源单口网络进行测量,就可以达到目的。

例 5-7　测量一个无源单口网络的等效参数。测量电路如图 5-9 所示。其中电压表读数为 300V,电流表读数为 15A,功率表读数为 5.7kW。

解:从各仪表给出的读数中可知

$$P = UI = 360 \times 15 = 5.7 \text{(kW)}$$

即无源单口电路的 $\cos\varphi = 1$,为电阻性电路。

所以等效阻抗为

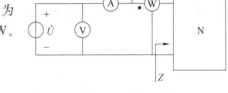

图 5-9　例 5-7 图

$$Z = R = \frac{U}{I} = \frac{380}{15} = 25.33 \text{(}\Omega\text{)}$$

此无源单口电路的等效电路如图 5-8(c)所示。

例 5-8　用图 5-10 所示电路可测得无源单口电路的等效参数,其中 R_1、L_1 为一个电阻很小的电感线圈。开关 S 闭合时,电压表、电流表及功率表的读数依次为 220V、8A、1000W。开关 S 打开时,各仪表读数依次为 220V、12A、1700W。电源频率为 50Hz。

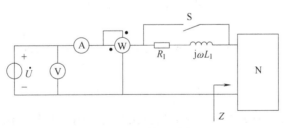

图 5-10　例 5-8 图

分析:因为 S 闭合时电压表和电流表读数的乘积不等于功率表的读数,所以无源单口电路不是电阻性电路。注意到 S 闭合时 $P \neq 0$,所以等效阻抗 Z 的电阻分量 $R \neq 0$,又注意到 S 打开比 S 闭合时,电流表读数增加了,因此可判断无源单口电路为容性电路,其等效电路如图 5-8(b)所示。

解:S 闭合时

$$|Z| = \frac{U}{I} = \frac{220}{8} = 27.5 \text{(}\Omega\text{)}$$

$$R = \frac{P}{I^2} = \frac{1000}{8^2} = 15.63 \text{(}\Omega\text{)}$$

容性电抗为

$$X = \sqrt{|Z|^2 - R^2} = \sqrt{27.5^2 - 15.63^2} = 22.63(\Omega)$$

等效电容为

$$C = \frac{1}{\omega X} = \frac{1}{314 \times 22.63} = 140.72(\mu F)$$

在此题中若开关 S 打开时的电流表读数比开关 S 闭合时的电流表读数小，测试结果将怎样变化？

例 5-9　在图 5-11 中，开关 S 打开时，电压表、电流表及功率表的读数依次为 220V、10A 和 900W；开关 S 闭合时，各仪表读数依次为 220V、5A 和 900W。电源频率为 50Hz。求无源单口等效电路的参数。

分析：由开关 S 打开时各仪表读数可知，无源单口电路不是电阻性电路，且等效阻抗的电阻分量 $R \neq 0$，注意到开关 S 闭合时的电流比开关 S 打开时的电流小，因此可判断无源单口电路为感性电路。可通过向量图分析得出此结论，其等效电路如图 5-8(a)所示。

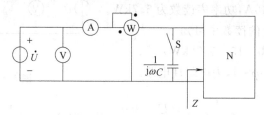

图 5-11　例 5-9 图

解：由开关 S 打开时

$$R = \frac{P}{I^2} = \frac{900}{10^2} = 9(\Omega)$$

$$|Z| = \frac{U}{I} = \frac{220}{10} = 22(\Omega)$$

感性电抗为

$$X = \sqrt{|Z|^2 - R^2} = \sqrt{22^2 - 9^2} = 20.07(\Omega)$$

等效电感为

$$L = \frac{X}{\omega} = 63.92(mH)$$

在此题中若开关 S 打开时的电流表读数比开关 S 闭合时的电流表读数小，测试结果将怎样变化？

5.3　互感及互感电压

5.3.1　互感电压

线圈中由于电流的变化而产生的感应电压，称自感电压。如果一个线圈中交变电流产生的磁通还穿过相邻的另一的线圈，那么在另一个线圈中也会产生感应电压。这种由于一个线圈的电流变化在另一个线圈中产生互感电压的物理现象称互感应。这种感应电压叫互感电压，如图 5-12 所示。

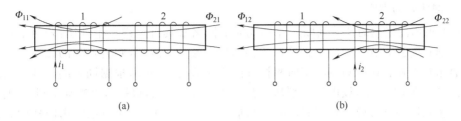

图 5-12 两个线圈的互感

如图 5-12(a)所示,当线圈 1 中流入交流电流 i_1 时,它产生的交变磁通不但与本线圈相交链产生磁链,而且还有部分磁通穿过线圈 2,并与之交链产生磁链。这种由一个线圈电流所产生的与另一个线圈相交链的磁链,就称为互感磁链。同样,在图 5-12(b)中,当线圈 2 中流入电流 i_2 时,不仅在线圈 2 中产生自感磁通,而且在线圈 1 中产生互感磁通和互感磁链。以上的自感磁链与自感磁通,互感磁链与互感磁通之间有如下关系。

互感磁链:$\psi_{21} = N_2\Phi_{21}$。自感磁链:$\psi_{11} = N_1\Phi_{11}$;$\psi_{22} = N_2\Phi_{22}$。其中,N_1 表示线圈 1 的匝数;N_2 表示线圈 2 的匝数;Φ_{11},Φ_{22} 表示自感磁通;Φ_{12},Φ_{21} 表示互感磁通。

根据电磁感应定律,因互感磁链的变化而产生的互感电压应为

$$u_{12} = \left|\frac{d\psi_{12}}{dt}\right|, \quad u_{21} = \left|\frac{d\psi_{21}}{dt}\right|$$

即两线圈中互感电压的大小分别与互感磁链的变化率成正比。

5.3.2 互感系数及耦合系数

耦合线圈中,选择互感磁链与彼此产生的电流方向符合右手螺旋定则,则它们的比值称为耦合线圈的互感系数,简称互感。用 M 表示,则有

$$M_{12} = \frac{\psi_{12}}{i_2}, \quad M_{21} = \frac{\psi_{21}}{i_1}$$

而且可以证明: $\qquad M_{21} = M_{12} = M$

线圈间的相对位置直接影响漏磁通的大小,即影响互感 M 的大小。通常用耦合系数 K 来反映线圈的耦合程度,并定义

$$K = \frac{M}{\sqrt{L_1L_2}} = \sqrt{\frac{\Phi_{21}\Phi_{12}}{\Phi_{11}\Phi_{22}}}$$

5.3.3 互感线圈的同名端

1. 同名端的定义

对于具有互感的几个线圈上的某些端钮,若一个线圈中的电流变化在其自身产生的自感电压和另一线圈中产生的互感电压实际极性始终相同,这样的端钮叫同名端。反之,称为异名端。同一组同名端通常用"·"或"*"表示。

(1)当两个线圈中的电流同时由同名端流入(或流出)时,两个电流产生的磁场相互增强。

(2)当随时间增大的交变电流从一线圈的一端流入时,将会引起另一线圈相应同名端的电位升高。

2. 同名端的判断

（1）根据同名端的性质判断。互感线圈的同名端具有这样一个性质：若两个互感线圈中分别有电流 i_1、i_2，且 i_1、i_2 的实际方向对同名端是一致的，则 i_1 产生的磁通与 i_2 产生的磁通相互增强。在已知线圈绕向和相对位置的情况下，可以根据同名端的性质判断同名端。如图 5-13(a) 中，设电流分别从端钮 1 和端钮 3 流入，根据右手螺旋定则，它们产生的磁通相互增强，所以端钮 1 和端钮 3 是同名端。对于图 5-13(b) 也可用同样的方法来判断出端钮 1 和端钮 4 是同名端。

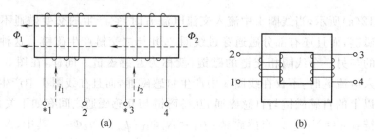

图 5-13　互感线圈的同名端

（2）根据实验确定同名端。有些设备中的线圈是封装起来的（如变压器），在这种情况下，可以通过实验测定两互感线圈的同名端，如图 5-14 所示。

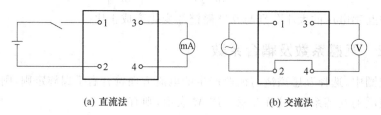

(a) 直流法　　　　　(b) 交流法

图 5-14　根据实验确定同名端

图 5-14(a) 所示毫安表的指针正偏说明 1 和 3 是同极性端；反偏说明 1 和 4 是同极性端。

图 5-14(b) 所示 $U_{13}=U_{12}-U_{34}$ 时，1 和 3 是同极性端；$U_{31}=U_{12}+U_{34}$ 时，1 和 4 是同极性端。

同极性端的标记如图 5-15 所示。

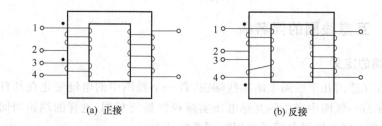

(a) 正接　　　　　(b) 反接

图 5-15　同极性端的标记

说明：

（1）虽然可以通过实验测定同名端，但同名端只与互感线圈的绕向和相对位置有关，与线圈上是否有电流无关。

（2）同名端是指在同一磁通下感应出的自感电压与互感电压的实际极性始终相同的端钮，同组的同名端要用同一个标记。

注意：线圈的同名端必须两两确定；同名端标记时，将同名端对应的两个端子均标以"·"或"*""△"符号。

5.3.4　互感电压与电流的关系

互感电压与电流的关系如图 5-16 所示。

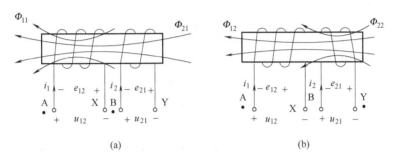

图 5-16　互感电压与电流的关系

情况 1：

$i_1 \rightarrow \psi_{21}(\Phi_{21}) \rightarrow$ 在 N_2 两端产生互感电压 u_{21}。

如图 5-16（a）所示，i_1 与 $\psi_{21}(\Phi_{21})$ 之间参考方向满足右手螺旋定则，e_{21} 的参考方向与 ψ_{21} 一致，u_{21} 的参考方向与 e_{21} 一致，由电磁感应定律可得线圈 1 的 A 端和线圈 2 的 B 端为一对同名端。

$$e_{21} = -u_{21} = \frac{\mathrm{d}\psi_{21}}{\mathrm{d}t} = -M\frac{\mathrm{d}i_1}{\mathrm{d}t}$$

$i_2 \rightarrow \psi_{12}(\Phi_{12}) \rightarrow$ 在 N_1 两端产生互感电压 u_{12}。

i_2 与 $\psi_{12}(\Phi_{12})$ 之间参考方向满足右手螺旋定则，e_{12} 的参考方向与 ψ_{12} 一致，u_{12} 的参考方向与 e_{12} 一致，由电磁感应定律可得线圈 1 的 A 端和线圈 2 的 B 端为一对同名端。

$$e_{12} = -u_{12} = \frac{\mathrm{d}\psi_{12}}{\mathrm{d}t} = -M\frac{\mathrm{d}i_2}{\mathrm{d}t}$$

情况 2：

如图 5-16（b）所示，i_1 与 $\psi_{21}(\Phi_{21})$ 之间参考方向满足右手螺旋定则，e_{21} 的参考方向与 ψ_{21} 不一致，u_{21} 的参考方向与 e_{21} 一致，由电磁感应定律可得线圈 1 的 A 端和线圈 2 的 B 端不是一对同名端。

$$e_{21} = -u_{21} = \frac{\mathrm{d}\psi_{21}}{\mathrm{d}t} = M\frac{\mathrm{d}i_1}{\mathrm{d}t}$$

$$e_{12} = -u_{12} = \frac{\mathrm{d}\psi_{12}}{\mathrm{d}t} = M\frac{\mathrm{d}i_2}{\mathrm{d}t}$$

结论：如果选择互感电压的参考方向与产生它的电流的参考方向关于同名端相一致，互感电压和电流的关系式为

$$u_{12} = M \frac{\mathrm{d}i_2}{\mathrm{d}t}, \quad u_{21} = M \frac{\mathrm{d}i_1}{\mathrm{d}t}$$

如果选择互感电压的参考方向与产生它的电流的参考方向关于同名端不一致,互感电压和电流的关系式为

$$u_{12} = -M \frac{\mathrm{d}i_2}{\mathrm{d}t}, \quad u_{21} = -M \frac{\mathrm{d}i_1}{\mathrm{d}t}$$

采用同名端标记后,表示两个线圈相互作用,就不再考虑实际绕向,而只画出同名端及参考方向即可。

对于图 5-17(a)

$$u_{21} = M \frac{\mathrm{d}i_1}{\mathrm{d}t} \tag{5-14}$$

对于图 5-17(b)

$$u_{12} = -M \frac{\mathrm{d}i_2}{\mathrm{d}t} \tag{5-15}$$

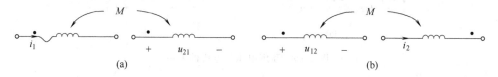

图 5-17　互感电压与电流关系简图

*5.4　含互感的正弦交流电路分析

5.4.1　含互感的电感元件上的电压电流关系

1. 互感电压电流的关系

图 5-18 所示的互感元件,时域内:

$$u_1 = L_1 \frac{\mathrm{d}i_1}{\mathrm{d}t} + M \frac{\mathrm{d}i_2}{\mathrm{d}t} \tag{5-16}$$

$$u_2 = L_2 \frac{\mathrm{d}i_2}{\mathrm{d}t} + M \frac{\mathrm{d}i_1}{\mathrm{d}t} \tag{5-17}$$

注意:两线圈的自感磁链和互感磁链相助,互感电压取正,否则取负,表明互感电压的正、负与电流的参考方向有关,也与线圈的相对位置和绕向有关。

2. 互感电压电流的相量形式

图 5-19 所示互感元件,时域中:

$$u_{12} = M \frac{\mathrm{d}i_2}{\mathrm{d}t}, \quad u_{21} = M \frac{\mathrm{d}i_1}{\mathrm{d}t}$$

设:

$$i_1 = \sqrt{2} I_1 \sin(\omega t + \psi_i)$$

则

$$u_{21} = M \frac{\mathrm{d}}{\mathrm{d}t} [\sqrt{2} I_1 \sin(\omega t + \psi_1)]$$

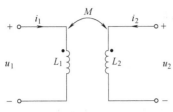

图 5-18 互感元件图形符号

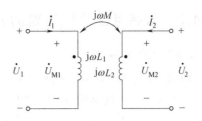

图 5-19 耦合电感的相量模型

$$=\sqrt{2}\omega M I_1\left[\cos(\omega t+\psi_1)\right]$$

$$=\sqrt{2}\omega M I_1\left[\sin\left(\omega t+\psi_i+\frac{\pi}{2}\right)\right]$$

所以 $\qquad \dot U_{21}=j\omega M \dot I_1 \qquad (5\text{-}18)$

同理 $\qquad \dot U_{12}=j\omega M \dot I_2 \qquad (5\text{-}19)$

结论：互感电压和电流的大小关系为

$$U_{21}=\omega M I_1 \qquad (5\text{-}20)$$

$$U_{12}=\omega M I_2 \qquad (5\text{-}21)$$

互感电压和电流的相位关系为 $\dot U_{21}$ 超前 $\dot I_1\dfrac{\pi}{2}$；$\dot U_{12}$ 超前 $\dot I_2\dfrac{\pi}{2}$，耦合线圈的相量模型如图 5-19 所示。

其全电压相量形式：

$$\dot U_1=j\omega L_1 \dot I_1+j\omega M\dot I_2 \qquad (5\text{-}22)$$

$$\dot U_2=j\omega L_2 \dot I_2+j\omega M\dot I_1 \qquad (5\text{-}23)$$

例 5-10 写出图 5-20 所示互感元件相量模型的电压电流关系式。

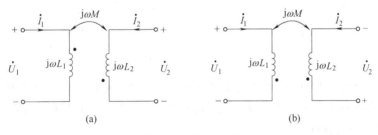

图 5-20 例 5-10 图

解：（a）
$$\begin{cases}\dot U_1=j\omega L_1 \dot I_1-j\omega M \dot I_2\\ \dot U_2=j\omega L_2 \dot I_2-j\omega M \dot I_1\end{cases}$$

（b）
$$\begin{cases}\dot U_1=j\omega L_1 \dot I_1-j\omega M \dot I_2\\ \dot U_2=-j\omega L_2 \dot I_2+j\omega M \dot I_1\end{cases}$$

互感元件电压包括自感电压和互感电压两部分，当总电压与电流取关联参考方向时，自感电压为正，而当互感电压与引起该电压的电流参考方向关于同名端一致时，互感电压项取正。

5.4.2 含有互感线圈电路的分析计算

1. 互感线圈的串联

(1) 顺接串联:两线圈异名端相联接。

如图 5-21(a)所示电路的 KVL 方程

$$\dot{U}_1 = (R_1 + j\omega L_1)\dot{I} + j\omega M\dot{I} = [R_1 + j\omega(L_1 + M)]\dot{I}$$

$$\dot{U}_2 = (R_2 + j\omega L_2)\dot{I} + j\omega M\dot{I} = [R_2 + j\omega(L_2 + M)]\dot{I}$$

所以
$$\dot{U} = \dot{U}_1 + \dot{U}_2 = [(R_1 + R_2) + j\omega(L_1 + L_2 + 2M)]\dot{I} \tag{5-24}$$

(2) 反接串联:两线圈同名端(或非同名端)相联接。

如图 5-21(b)所示电路的 KVL 方程

$$\dot{U}_1 = (R_1 + j\omega L_1)\dot{I} + j\omega M\dot{I} = [R_1 + j\omega(L_1 - M)]\dot{I}$$

$$\dot{U}_2 = (R_2 + j\omega L_2)\dot{I} + j\omega M\dot{I} = [R_2 + j\omega(L_2 - M)]\dot{I}$$

所以
$$\dot{U} = \dot{U}_1 + \dot{U}_2 = [(R_1 + R_2) + j\omega(L_1 + L_2 - 2M)]\dot{I} \tag{5-25}$$

可见耦合电感串联时的两种情况下的等效阻抗为:

$$Z_{eq} = \frac{\dot{U}}{\dot{I}} = [(R_1 + R_2) + j\omega(L_1 + L_2 \pm 2M)] \tag{5-26}$$

等效电阻:
$$R = R_1 + R_2$$

等效电感:
$$L = L_1 + L_2 \pm 2M$$

顺接串联等效电感取正号,反接串联等效电感取负号。

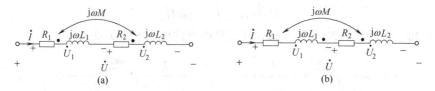

图 5-21 两个互感线圈的串联

互感线圈反接时具有的削弱电感的作用称为互感的"容性"效应。在"容性"效应的作用下可能会出现其中一个电感小于互感 M,但不可能都小,此时电路仍然呈感性。

2. 互感线圈的并联

KVL 方程如下。

(1) 同侧并联,如图 5-22(a)所示。

$$\dot{U} = (R_1 + j\omega L_1)\dot{I}_1 \pm j\omega M\dot{I}_2 = Z_1\dot{I}_1 \pm Z_M\dot{I}_2 \tag{5-27}$$

(2) 异侧并联,如图 5-22(b)所示。

$$\dot{U} = (R_2 + j\omega L_2)\dot{I}_2 \pm j\omega M\dot{I}_1 = Z_2\dot{I}_2 \pm Z_M\dot{I}_1 \tag{5-28}$$

联立公式(5-27)与式(5-28)解得:

$$\dot{I}_1 = \frac{\dot{U}(Z_2 \mp Z_M)}{Z_1 Z_2 - Z_M^2}, \quad \dot{I}_1 = \frac{\dot{U}(Z_1 \mp Z_M)}{Z_1 Z_2 - Z_M^2}$$

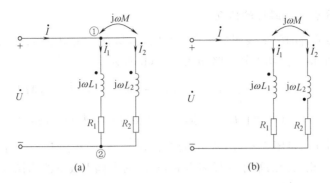

图 5-22 具有互感两个线圈的并联

由 KCL 有：

$$\dot{I} = \dot{I}_1 + \dot{I}_2 = \frac{\dot{U}(Z_1 + Z_2 \mp 2Z_M)}{Z_1 Z_2 - Z_M^2}$$

等效阻抗：

$$Z_{eq} = \frac{\dot{U}}{\dot{I}} = \frac{Z_1 Z_2 - Z_M^2}{Z_1 + Z_2 \mp 2Z_M} \tag{5-29}$$

如果略去线圈的电阻，即 $R_1 = R_2 = 0$，则

$$Z_{eq} = j\omega \frac{L_1 L_2 - M^2}{L_1 + L_2 \mp 2M} \tag{5-30}$$

等效电感：

$$L_{eq} = \frac{L_1 L_2 - M^2}{L_1 + L_2 \mp 2M} \tag{5-31}$$

同侧并联时，磁场增强，分母取负号，等效电感增加；异侧并联时，磁场减弱，分母取正号，等效电感减少。

取式(5-27)同侧并联时的情况重新整理，将 $\dot{I} = \dot{I}_1 + \dot{I}_2$ 代入，可得到

$$\dot{U} = j\omega M\dot{I} + [R_1 + j\omega(L_1 - M)]\dot{I}_1$$

$$\dot{U} = j\omega M\dot{I} + [R_2 + j\omega(L_2 - M)]\dot{I}_2 \tag{5-32}$$

与式(5-32)对应的电路如图 5-23(a)所示，该图称为同侧并联时互感电路的相量形式的去耦等效电路。图 5-23(b)所示为互感并联电路的去耦等效电路，其中三个 M 前面采用上方符号的为同侧并联情况，采用下方符号的为异侧并联情况。

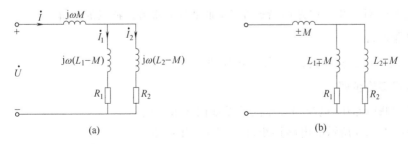

图 5-23 互感并联电路去耦等效

3. 互感线圈有一端联接的情况

当具有互感耦合的两个线圈虽然不是并联,但却有一端相联接的情况,如图 5-24(a) 所示,同样可以推得其去耦等效电路如图 5-24(b) 所示。

$$\dot{U}_{13} = j\omega L_1 \dot{I}_1 + j\omega M \dot{I}_2 = j\omega(L_1 - M)\dot{I}_1 + j\omega M \dot{I}$$

$$\dot{U}_{23} = j\omega L_2 \dot{I}_2 + j\omega M \dot{I}_1 = j\omega(L_2 - M)\dot{I}_2 + j\omega M \dot{I}$$

$$(5-33)$$

上述方程同样满足图 5-24(b) 所示电路,故图 5-24(b) 是图 5-24(a) 的去耦等效电路。若图 5-24(a) 中互相联接的端子为异名端时,对应的去耦等效电路为图 5-24(b) 中三个 M 前面变成相反的符号的电路。

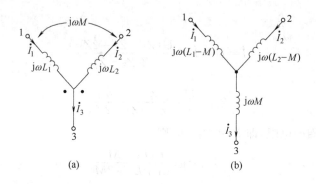

图 5-24　只有一端联接的互感

4. 含有互感线圈电路的分析计算

(1) 有互感的电路的计算仍属正弦稳态分析,前面介绍的相量分析的方法均适用。

(2) 注意互感线圈上的电压除自感电压外,还应包含互感电压。

(3) 一般采用支路电流法和回路电流法计算。

(4) 含有互感耦合的三角形和星形网络,必须先去耦再进行计算。

5.5　实践项目 6:RLC 串联谐振

1. 项目目的

学习测量 RLC 串联电路的谐振曲线,加深对串联谐振特点的理解。

2. 仪器设备

综合实验台、实验线路板、晶体管电压表。

3. 项目实施步骤

RLC 串联电路中,电流与频率的关系如图 5-25 所示。

(1) 按图 5-26 所示的电路接线,构成 RLC 串联电路。

(2) 取 $R = 50\Omega$,$L = 10\text{mH}$,$C = 1\mu\text{F}(f_0 = 1592\text{Hz})$、$C = 2.2\mu\text{F}(f_0 = 1073\text{Hz})$。

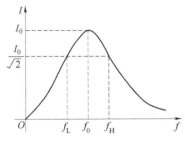

图 5-25 电流与频率的关系

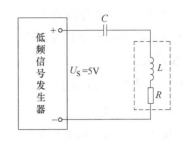

图 5-26 RLC 串联电路

（3）调节信号发生器输出正弦电压的有效值为 $U_S = 5V$ 并在项目过程中维持不变。电压表测量不同频率时的 U_C 记入表 5-1 中。

表 5-1 测量数据与计算结果

项 目	顺 序						
	1	2	3	$4(f_0)$	5	6	7
f/H_Z							
测量数据 U_C/V							
计算数据 $I = 2\pi f C U_C (mA)$							

（4）为了合理读取数据，先通过公式计算出 f_0，在 f_0 附近由高到低调频率粗测一次，找到谐振频率 f_0，然后均匀地取 7 个点，正式进行测量。

（5）完成表中有关数据的运算：

$$f_0 = \frac{1}{2\pi\sqrt{LC}}, \quad I = 2\pi f C U_C$$

4. 根据数据绘制曲线

5. 项目结论

根据 RLC 串联谐振曲线，可以得到 ＿＿＿＿＿＿＿＿＿＿＿＿＿＿＿＿＿＿ 的结论。

6. 注意事项

本次实验的测量原理是利用 $f_{CM} \approx f_{LM} \approx f_0$ 公式。通过找出电容电压最大值所对应的频率 f_{CM} 近似代替 f_0，从而得到较为理想的谐振曲线。但应清楚 f_{CM} 和 f_0 严格来说并非同一点。

5.6 实践项目 7:荧光灯参数测量及功率因数的提高

1. 项目目的

(1) 熟悉荧光灯的接线，了解荧光灯的工作原理。

（2）掌握功率表的接线方法。

（3）学习功率因数提高的方法。

（4）理解改善电路功率因数的意义。

2. 仪器设备

补偿电容实验板、综合实验台。

3. 项目实施步骤

（1）按图 5-27 所示的原理电路接线。

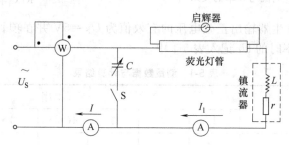

图 5-27　荧光灯的接线原理图

（2）断开电容支路的开关 S，接通工作电源。

（3）测量荧光灯管两端电压，镇流器两端电压，荧光灯支路电流 I_1 及功率表的指示值 P，记入表 5-2 中。

（4）改变荧光灯电路的功率因数，合上电容支路的开关 S，分别并上（2、3.2、4.4、8.6）μF 的电容。重新测量荧光灯两端电压，镇流器两端电压，荧光灯支路电流 I_1，总电流 I 及功率表的指示值 P，记入对应的表 5-2 中。完成表中有关数据的运算。

表 5-2　测量数据与计算结果

序号	U/V	$C/\mu F$	I/A	I_1/A	$U_{灯}/V$	$U_{整}/V$	P/W	$\cos\varphi$
1	220							
2	220	2						
3	220	3.2						
4	220	4.4						
5	220	8.6						

由测量结果可知，电感性负载并联适当的电容后，电路总电流 I 减小了，提高了电路的功率因数，但所并电容超过一定数值后总电流 I 反而又上升了，即功率因数又降低了。总电流由小变大的过程即电路由感性变为容性的过程。

4. 项目结论

根据表 5-2 的数据，可以发现随着并联电容的不断增大，功率因数的值呈现_____的变化规律。因此，得出结论_____。

5. 注意事项

（1）灯管一定要与镇流器串联后接到电源上，切勿将灯管直接接到 220V 电源上。

（2）荧光灯启动时，启动电流很大，为防止过大的启动电流损坏电流表，电流表不能直接联接在电路中。用电流插孔盒替代电流表接入电路；荧光灯亮后，再接入电压表与电流表进行测量。

（3）测功率时分清功率表的电压线圈和电流线圈。电压线圈要并联在被测电路两端，而电流线圈要接电流插头，测量时把插头插在与被测功率的线路串接的电流插孔盒中。

（4）在功率因数提高时，仔细观察电路总电流的变化规律。

习　题　5

5-1　电感为 0.3mH、电阻为 16Ω 的线圈与 204pF 的电容器串联。试求：(1)谐振频率 f_0；(2)品质因数 Q；(3)谐振时的阻抗 Z_0。

5-2　RLC 串联电路中，当电源频率 f 为 500Hz 时发生谐振，此时容抗 $X_C = 314Ω$，且测得的电容电压 U_C 为电源电压 U 的 20 倍，试求 R、L、C 的值。

5-3　一电感线圈与一个 $C = 0.05\mu F$ 的电容器串联，接在 $U = 50mV$ 的正弦电源上。当 $\omega = 2 \times 10^4 rad/s$ 时，电流最大，且此时电容器端电压 $U_C = 5V$。试求：(1)电路品质因数 Q；(2)线圈电感值 L 与电阻值 R。

5-4　收音机的中频放大耦合电路是一个线圈与电容器并联谐振回路，其谐振频率为 465kHz，电容 $C = 200pF$，回路的品质因数 $Q = 100$。求线圈的电感 L 和电阻 R。

5-5　图 5-28 所示两互感线圈串联后接到 220V、50Hz 的正弦交流电源上，当 b、c 相连，a、d 接电源时，测得 $I = 2.5A$，$P = 62.5W$。当 b、d 相连，a、c 接电源时，测得 $P = 250W$。试求：(1)在图上标出同名端；(2)求两线圈之间的互感 M。

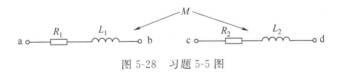

图 5-28　习题 5-5 图

5-6　图 5-29 所示网络中，$R = 100Ω$，$C = 1\mu F$，$L_1 = 3mH$，$L_2 = 2mH$，$M = 1mH$。试求网络的谐振频率及谐振时的输入阻抗 Z_0。

5-7　图 5-30 所示电路，已知 $L_1 = 0.1H$，$L_2 = 0.2H$，$M = 0.1H$，$R_1 = 5Ω$，$R_2 = 10Ω$，$C = 2\mu F$，试求顺接串联与反接串联两种情况下电路的谐振角频率 ω_0 和品质因数 Q。

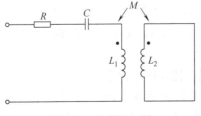

图 5-29　习题 5-6 图

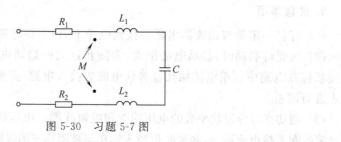

图 5-30 习题 5-7 图

测 验 5

1. 电路如图 5-31 所示,耦合因数 $K=1$,$\dot{I}_S=1\underline{/0°}\text{A}$,则 $\dot{U}_1$ 与 $\dot{U}_2$ 分别为( )。

A. j10V 与 j20V   B. j10V 与 0   C. −j10V 与 j20V   D. −j10V 与 −j20V

2. 图 5-32 所示三个耦合线圈的同名端是( )。

A. a;c;e   B. a;d;f   C. b;d;e   D. b;c;f

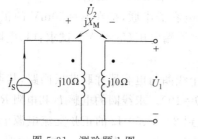

图 5-31 测验题 1 图

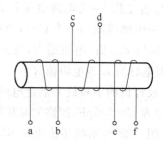

图 5-32 测验题 2 图

3. 图 5-33 所示耦合电感,当 b 和 c 联接时,其 $L_{ab}=0.2\text{H}$,当 b 和 d 联接时,$L_{ac}=0.6\text{H}$,则互感 M 为( )。

A. 0.8H   B. 0.4H   C. 0.2H   D. 0.1H

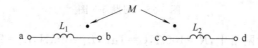

图 5-33 测验题 3 图

4. 两耦合线圈顺向串联时等效电感为 0.7H,反向串联时等效电感为 0.3H,则可确定其互感 M 为( )。

A. 0.1H   B. 0.2H   C. 0.4H   D. 无法确定

5. 将图 5-34(a)所示具有公共端 A 的耦合电路化为图 5-34(b)所示的去耦等效电路的条件是( )。

A. L_1、L_2 的电流同时流入或流出节点 A

B. L_1、L_2 的电流一个流入节点 A,另一个流出节点 A

C. L_1、L_2 的同名端相对 A 点是在同侧

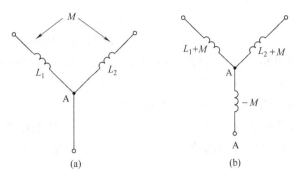

图 5-34　测验题 5 图

　D. L_1、L_2 的同名端相对 A 点是在异侧

6. 图 5-35 所示电路中 $\dfrac{\mathrm{d}i_1}{\mathrm{d}t}=0$、$\dfrac{\mathrm{d}i_2}{\mathrm{d}t}\neq0$，则 u_1 为（　　　）。

　　A. 0　　　　　B. $M\dfrac{\mathrm{d}i_2}{\mathrm{d}t}$　　　C. $-M\dfrac{\mathrm{d}i_2}{\mathrm{d}t}$　　　D. $L_2\dfrac{\mathrm{d}i_2}{\mathrm{d}t}$

7. 图 5-36 所示电路中 $i=\sin(2\pi ft+45°)\mathrm{A}$，$f=50\mathrm{Hz}$，当 $t=10\mathrm{ms}$ 时，u_2 为（　　　）。

　　A. 正值　　　　B. 负值　　　　C. 零值　　　　D. 不能确定

8. 电路如图 5-37 所示，已知 $L_1=6\mathrm{H}$，$L_2=3\mathrm{H}$，$M=2\mathrm{H}$，则 a、b 两端的等效电感为

（　　　）。

　　A. 13H　　　　B. 5H　　　　C. 7H　　　　D. 11H

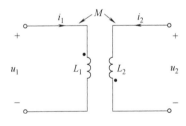 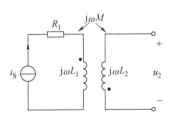 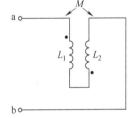

图 5-35　测验题 6 图　　　　图 5-36　测验题 7 图　　　　图 5-37　测验题 8 图

9. RLC 串联电路谐振时，L、C 储存能量的总和为（　　　）。

　　A. $W=W_\mathrm{L}+W_\mathrm{C}=0$　　　　　　B. $W=W_\mathrm{L}+W_\mathrm{C}=\dfrac{1}{2}LI^2$

　　C. $W=W_\mathrm{L}+W_\mathrm{C}=\dfrac{1}{2}CU_\mathrm{C}^2$　　　　D. $W=W_\mathrm{L}+W_\mathrm{C}=CU_\mathrm{C}^2$

10. RLC 串联谐振电路的 Q 值越高，则（　　　）。

　　A. 选择性越差，通频带越窄　　　　B. 选择性越差，通频带越宽

　　C. 选择性越好，通频带越宽　　　　D. 选择性越好，通频带越窄

11. 在感性负载电路中，提高功率因数最常用的方法是（　　　）。

　　A. 串联电阻　　　B. 并联电容器　　　C. 串联电容器　　　D. 串联纯电感

12. 提高功率因数可提高(　　)。

    A. 负载功率   B. 负载电流

    C. 电源电压   D. 电源的输电效益

13. 在正弦电流电路中,对于容性负载,可以用来提高功率因数的措施是(　　)。

    A. 并联电容   B. 并联电感   C. 串联电容   D. 无法确定

14. 在正弦电流电路中,负载的功率因数越大,则(　　)。

    A. 电压、电流的有效值越大   B. 电压、电流的相位差越接近 $90°$

    C. 电源设备容量的利用率越高   D. 负载的储能越大

三相交流电路

学习目标

(1) 了解对称的三相电源组成;

(2) 知道三相电源的联接方法;

(3) 掌握三相负载不同联接的电流和电压计算;

(4) 掌握三相电路的功率计算。

三相正弦交流电路就是由三个频率相同、变化进程不同的正弦交流电源组成一个整体的供电系统,该电源称为三相交流电源。三相交流发电机是最普通的三相交流电源。现在应用的交流电,几乎全是由三相发电机产生,并由三相输电线输送的。日常生活如照明、取暖、煮饭等电路采用三相电路中的某一相,称为单相正弦交流电路。三相交流电与单相交流电比较具有以下优点:①制造三相发电机和三相变压器比制造容量相同的单相发电机和单相变压器省材料,在尺寸相同的情况下,三相发电机比单相发电机输出的功率大;②在条件相同的情况下,用三相输电所需输电线为单相时的 75%,可节省 25% 的有色金属;③三相电流不仅能产生旋转磁场,而且对称三相电路的瞬时功率等于平均功率,可产生恒定的转矩,比单相电动机的性能好,从而能制造结构简单、性能良好和便于维护的三相异步电动机。

三相交流电路是一般交流电路的特殊情况。它的分析与计算可完全采用单相正弦交流电路的结论。但要注意,三相电路中电压、电流的参考方向有一定的规定,因此有特殊的性质和解法。这些特殊的解法和性质是单相正弦交流电路的性质和解法的延伸。

6.1　对称三相交流电源

1. 对称三相电源

对称三相电压是由三相交流发电机产生的,它是指三个频率相同,最大值相等,对应于选定的参考方向,它们的相位顺序差相等(无特别说明依次相差120°)的正弦交流电压,这三个电源如图6-1所示。用 U_1、V_1、W_1 标记正极性端,用 U_2、V_2、W_2 标记负极性端,每一个电压源称为三相电源的一相。

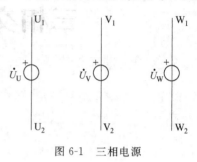

图6-1　三相电源

一般令 U 相初相为零,V 相滞后 U 相120°,W 相滞后 V 相120°。具有上述特点的一组交流电流或电压统称为对称三相正弦量。以电压为例,其解析式为

$$
\begin{aligned}
u_U &= \sqrt{2}U\sin\omega t\,\mathrm{V} \\
u_V &= \sqrt{2}U\sin(\omega t - 120°)\,\mathrm{V} \\
u_W &= \sqrt{2}U\sin(\omega t + 120°)\,\mathrm{V}
\end{aligned}
\tag{6-1}
$$

用相量式表示为:

$$
\begin{aligned}
\dot{U}_U &= U\underline{/0°}\,\mathrm{V} \\
\dot{U}_V &= U\underline{/-120°}\,\mathrm{V} \\
\dot{U}_W &= U\underline{/120°}\,\mathrm{V}
\end{aligned}
\tag{6-2}
$$

图6-2所示是上述对称三相正弦电压的波形图与相量图。

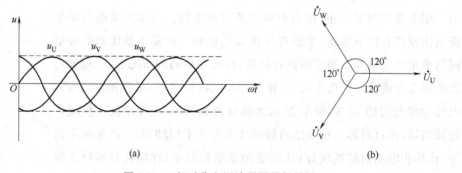

图6-2　三相对称电压波形图及相量图

三相电压源的起始端 U_1、V_1、W_1 称为相头;末端 U_2、V_2、W_2 称为相尾。规定参考正极性标在相头,如图6-1所示。

从计时起点开始三相交流电依次出现正幅值(或零值)的顺序称为相序。图6-1所示的三相交流电的相序是 U—V—W—U,称为正序或顺序,如果相序为 U—W—V—U,则

称为反序或逆序。电力系统一般采用正序。

由于对称三相电压的幅值相等,频率相同,彼此间的相位差也相等,因此它们的瞬时值或相量之和为零,即:

$$u_U + u_V + u_W = 0$$

$$\dot{U}_U + \dot{U}_V + \dot{U}_W = 0 \qquad (6\text{-}3)$$

2. 三相电源的联接

三相电源并不是每相直接引出两根线和负载相接,而是把它们按一定的方式联接后,再向负载供电。通常有两种联接方式。如图6-3所示,将三个末端接在一起,从始端引出三根导线,这种联接方法称为星形联接。末端的联接点称为中(性)点,用N表示,从中(性)点引出的导线称为中(性)线,从始端U、V、W引出的三根导线称为相线或端线,俗称火线。另外一种联接方法如图6-4所示,称为三角形联接,是把三相电源的始端与末端顺次连成一个闭合回路,再从两两的联接点引出端线。相线与中性线之间电压称为相电压,分别为$\dot{U}_{UN}$、$\dot{U}_{VN}$、$\dot{U}_{WN}$,有时也可简写为$\dot{U}_U$、$\dot{U}_V$、$\dot{U}_W$,当三个相电压有效值相等时,有$U_U = U_V = U_W = U_P$;两根端线之间的电压称为线电压,分别为$\dot{U}_{UV}$、$\dot{U}_{VW}$、$\dot{U}_{WU}$,当三个线电压有效值相等时有$U_{UV} = U_{VW} = U_{WU} = U_l$。注意下标规定了两种电压的参考方向。很显然,星形联接可以同时提供相电压和线电压,而三角形联接不能引出中性线,只能提供线电压。

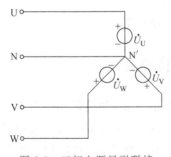

图6-3 三相电源星形联接

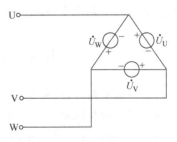

图6-4 三相电源三角形联接

星形联接时三相电源可引出四根线与负载相接,在电力系统中称这种供电方式为三相四线制;如果三相电源只引出三根线与负载相接,则称为三相三线制供电方式。

需要注意的是,三角形联接时,不能将某相接反,否则三相电源回路内的电压达到相电压的2倍,导致电流过大,烧坏电源绕组,因此做三角形联接时,要预留一个开口用电压表测量开口电压,如果电压近于零或很小,再闭合开口,否则,要查找哪一相接反了。

当电源作三角形联接时,线电压就是相电压,而作星形联接时,相电压和线电压关系从图6-3可知:

$$u_{UV} = u_U - u_V$$

$$u_{VW} = u_V - u_W$$

$$u_{WU} = u_W - u_U$$

用相量表示为:

$$\dot{U}_{UV} = \dot{U}_U - \dot{U}_V$$

$$\dot{U}_{VW} = \dot{U}_V - \dot{U}_W$$

$$\dot{U}_{WU} = \dot{U}_W - \dot{U}_U$$

当对称时,取一式进行计算:

$$\dot{U}_{UV} = \dot{U}_U - \dot{U}_V$$

$$= \dot{U}_U - \dot{U}_U \left(-\frac{1}{2} - j\frac{\sqrt{3}}{2} \right)$$

$$= \dot{U}_U \left(1 + \frac{1}{2} + j\frac{\sqrt{3}}{2} \right)$$

$$= \sqrt{3}\dot{U}_U \underline{/30°}$$

其余两个线电压也可推出类似结果。

结论:当三个相电压对称时,三个线电压的有效值相等且为相电压的$\sqrt{3}$倍,即

$$U_l = \sqrt{3}U_P \tag{6-4}$$

相位上,线电压比相应的相电压超前 30°,即

$$\dot{U}_{UV} = \sqrt{3}\dot{U}_U \underline{/30°}$$

$$\dot{U}_{VW} = \sqrt{3}\dot{U}_V \underline{/30°} \tag{6-5}$$

$$\dot{U}_{WU} = \sqrt{3}\dot{U}_W \underline{/30°}$$

在我国低压配电系统中,规定相电压为 220V,线电压为 380V。

6.2　三相负载的联接

交流电的负载有两种,一种是只需单相电源供电的设备,如电灯和许多家用电器,称为单相负载。另一种是同时需要三相电源供电的负载,如工厂里的三相异步电动机、大功率电炉等,称为三相负载。在三相负载中,如果每相的负载相同,则称为三相对称负载。三相电路中,负载的联接方法有两种:星形联接和三角形联接。应根据负载的额定电压来采用一定的联接方法。

1. 三相负载星形联接

负载星形联接的三相四线制电路一般可用图 6-5 所示的电路表示,每相负载的阻抗

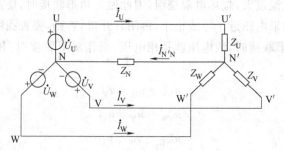

图 6-5　三相负载星形联接

为 Z_U、Z_V、Z_W,如果 $Z_U = Z_V = Z_W = Z$,称该负载为对称三相负载。三相电路中,流过每根端线中的电流称为线电流,分别用 i_U、i_V、i_W 表示;流过每相负载的电流称为相电流,分别用 $i_{U'N'}$、$i_{V'N'}$、$i_{W'N'}$ 表示;流过中性线的电流称为中性线电流,用 $i_N(i_{N'N})$ 表示。

三相负载星形联接时,线电流与相应相电流相等,即

$$i_U = i_{U'N'}, \quad i_V = i_{V'N'}, \quad i_W = i_{W'N'} \tag{6-6}$$
$$I_l = I_p$$

根据基尔霍夫定律,中性线电流与线电流的关系是

$$i_N = i_U + i_V + i_W$$

写成相量式有

$$\dot{I}_N = \dot{I}_U + \dot{I}_V + \dot{I}_W \tag{6-7}$$

各相负载的电压

$$\dot{U}'_U = \dot{U}_U - \dot{U}_{N'N}$$
$$\dot{U}'_V = \dot{U}_V - \dot{U}_{N'N} \tag{6-8}$$
$$\dot{U}'_W = \dot{U}_W - \dot{U}_{N'N}$$

在三相电路中,每相负载中的电流应该一相一相地计算。如果不考虑端线及中线阻抗,负载相电压即为电源相电压,每相负载的电流可通过式(6-9)分别求出。

$$\dot{I}_U = \frac{\dot{U}_U}{Z_U}$$
$$\dot{I}_V = \frac{\dot{U}_V}{Z_V} \tag{6-9}$$
$$\dot{I}_W = \frac{\dot{U}_W}{Z_W}$$

如果三相负载对称,即 $Z_U = Z_V = Z_W = Z$,由于三相电源电压对称,故 $\dot{U}_{N'N} = 0$,此时有

$$\dot{U}'_U = \dot{U}_U, \quad \dot{U}'_V = \dot{U}_V, \quad \dot{U}'_W = \dot{U}_W$$
$$\dot{I}_U = \frac{\dot{U}_U}{Z}, \quad \dot{I}_V = \frac{\dot{U}_V}{Z}, \quad \dot{I}_W = \frac{\dot{U}_W}{Z}$$

可见负载相电压对称,相电流也对称。于是,中线电流等于零,即

$$\dot{I}_N = \dot{I}_U + \dot{I}_V + \dot{I}_W = 0$$

所以,三相对称负载作星形联接时,中线电流为零。这种情况下,可省去中线,并不影响三相电路的工作,各相负载的相电压仍为电源的相电压。

例 6-1　作星形联接的对称负载三相电路,无中线。电源线电压为 $380V$,每相负载的电阻为 8Ω,电抗为 6Ω。求:

(1) 正常情况下的每相负载的相电压和相电流;

(2) 第三相负载短路时,其余两相负载的相电压和相电流;

(3) 第三相负载断路时,其余两相负载的相电压和相电流。

解:

(1) 由于三相负载对称,即使无中线,各相负载的相电压仍为相应的电源相电压,即

$$U_1 = U_2 = U_3 = U_P = \frac{U_1}{\sqrt{3}} = \frac{380}{\sqrt{3}} = 220(\text{V})$$

每相负载的阻抗为

$$|Z_P| = \sqrt{R^2 + X^2} = \sqrt{8^2 + 6^2} = 10(\Omega)$$

所以每相的相电流为

$$I_P = \frac{U_P}{|Z_P|} = \frac{220}{10} = 22(\text{A})$$

（2）第三相负载短路，第一、二两相负载的相电压等于线电压380V，从而

$$I_1 = I_2 = \frac{U_1}{|Z_P|} = \frac{380}{10} = 38(\text{A})$$

（3）第三相负载断路时，第一、二两相负载串联后接在线电压上，所以相电压为380V，则

$$I_1 = I_2 = \frac{U_1}{2|Z_P|} = \frac{380}{2 \times 10} = 19(\text{A})$$

2. 三相负载的三角形联接

三相负载的三角形联接的三相电路一般如图 6-6 所示，每相负载的阻抗分别为 Z_{UV}、Z_{VW}、Z_{WU}，电压和电流方向如图 6-6 所示。

如果不考虑端线阻抗，各相负载都直接接在电源的线电压上，负载的相电压与电源的线电压相等。因此，不论负载对称与否，其相电压总是对称的，即

$$U_{UV} = U_{VW} = U_{WU} = U_1 = U_P$$

但此时的相电流与线电流不同，各相负载的相电流为

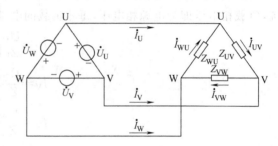

图 6-6   三角形联接的三相电路

$$\dot{I}_{UV} = \frac{\dot{U}_{UV}}{Z_{UV}}, \quad \dot{I}_{VW} = \frac{\dot{U}_{VW}}{Z_{VW}}, \quad \dot{I}_{WU} = \frac{\dot{U}_{WU}}{Z_{WU}} \qquad (6\text{-}10)$$

负载的线电流可应用基尔霍夫电流定律进行计算：

$$\dot{I}_U = \dot{I}_{UV} - \dot{I}_{WU}$$
$$\dot{I}_V = \dot{I}_{VW} - \dot{I}_{UV} \qquad (6\text{-}11)$$
$$\dot{I}_W = \dot{I}_{WU} - \dot{I}_{VW}$$

如果负载对称 $Z_{UV} = Z_{VW} = Z_{WU} = Z$，则相电流也对称，为了分析方便，设

$$\dot{I}_{UV} = I_P \underline{/0°}$$

$$\dot{I}_{VW} = I_P \underline{/-120°}$$

$$\dot{I}_{WU} = I_P \underline{/120°}$$

此时线电流 $\dot{I}_U$ 为

$$\dot{I}_{\mathrm{U}} = \dot{I}_{\mathrm{UV}} - \dot{I}_{\mathrm{WU}}$$

$$= I_{\mathrm{P}} - I_{\mathrm{P}}\left(-\frac{1}{2} + \mathrm{j}\frac{\sqrt{3}}{2}\right)$$

$$= \sqrt{3}\,I_{\mathrm{P}}\left(\frac{\sqrt{3}}{2} - \mathrm{j}\frac{1}{2}\right)$$

$$= \sqrt{3}\,I_{\mathrm{P}}\underline{/-30^{\circ}} \tag{6-12}$$

其余两个线电流 $\dot{I}_{\mathrm{V}}$、$\dot{I}_{\mathrm{W}}$ 也有类似结果。所以负载对称时,线电流的有效值是相电流有效值的 $\sqrt{3}$ 倍,线电流的相位滞后于相应的相电流 30°。即

$$\dot{I}_{\mathrm{U}} = \sqrt{3}\,\dot{I}_{\mathrm{UV}}\underline{/-30^{\circ}}$$

$$\dot{I}_{\mathrm{V}} = \sqrt{3}\,\dot{I}_{\mathrm{VW}}\underline{/-30^{\circ}} \tag{6-13}$$

$$\dot{I}_{\mathrm{W}} = \sqrt{3}\,\dot{I}_{\mathrm{WU}}\underline{/-30^{\circ}}$$

可见,对于对称三相电路,只要计算一相电流,其余相电流、线电流可以根据对称性推出。

三相电动机的绕组可以联接成星形,也可以联接成三角形,在电动机铭牌上都有标示,如 380V Y 接法或 380V △ 接法。Y/△,380V/220V,表示该电动机在电源线电压为 380V 时,作 Y 接法;当电源线电压为 220V 时作△接法。可见该电动机的额定相电压是 220V。

对称负载三角形联接时的电流相量图如图 6-7 所示。

如果考虑端线阻抗,须将三角形联接负载等效变换为星形联接,按星形联接计算端线电流,负载电流可按三角形联接时线相电流之间的关系计算。

在实际问题中,如果只给定电源线电压,则不论电源是作星形联接还是作三角形联接,为了分析方便,都可以把电源假想成星形联接。如线电压为 380V,可以认为电源是作星形联接且每相电源电压为 220V,如果电源作三角形联接,可以化成 Y 或 Y_0 联接体系,然后按三角形联接电路分析计算。

例 6-2 如图 6-8 所示某对称三相负载,每相负载为 $Z = 5\underline{/45^{\circ}}\,\Omega$,接成三角形,接在线电压为 380V 的电源上,求 $\dot{I}_{\mathrm{U}}$、$\dot{I}_{\mathrm{V}}$、$\dot{I}_{\mathrm{W}}$。

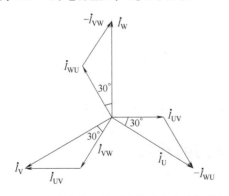

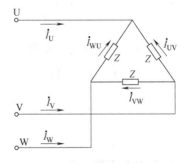

图 6-7 对称负载三角形联接时的电流相量图　　　　图 6-8 例 6-2 图

解:设 $\dot{U}_{\mathrm{UV}} = 380\underline{/0^{\circ}}\,\mathrm{V}$,则相电流为

$$\dot{I}_{UV} = \frac{\dot{U}_{UV}}{Z} = \frac{380\underline{/0°}}{5\underline{/45°}} = 76\underline{/-45°} (A)$$

故线电流为

$$\dot{I}_U = \sqrt{3}\dot{I}_{UV}\underline{/-30°}$$

$$= 131.63\underline{/-75°} (A)$$

由对称性可知

$$\dot{I}_V = 131.63\underline{/165°} (A)$$

$$\dot{I}_W = 131.63\underline{/45°} (A)$$

例 6-3   线电压为 380V 的三相电压源对两组对称负载供电,如图 6-9 所示。Y 联接负载 1,每相复阻抗 $Z_1 = 44\underline{/20°}\Omega$,△联接负载 2,每相复阻抗 $Z_2 = 76\underline{/70°}\Omega$,每根端线阻抗不计。试求:各负载的相电流和各端线电流。

解:电压源相电压为

$$U_P = \frac{U}{\sqrt{3}} = \frac{380}{\sqrt{3}} = 220 (V)$$

设 $\dot{U}_1 = U_P\underline{/0°} = 220\underline{/0°}V$,则 Y 联接负载 1 的第一相电流即线电流为

$$\dot{I}_{11} = \frac{\dot{U}_1}{Z_1} = \frac{220\underline{/0°}}{44\underline{/20°}} = 5\underline{/-20°} (A)$$

△联接负载 2 的第一相电压即线电压为

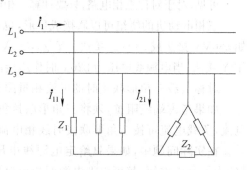

图 6-9   例 6-3 图

$\dot{U}_{12} = 380\underline{/30°}V$,相电流为

$$\dot{I}'_{12} = \frac{\dot{U}_{12}}{Z_2} = \frac{380\underline{/30°}}{76\underline{/70°}} = 5\underline{/-40°} (A)$$

第二相负载的线电流为

$$\dot{I}_{21} = \sqrt{3}\dot{I}'_{12}\underline{/-30°} = 8.66\underline{/-70°} (A)$$

两组负载的线电流之和为

$$\dot{I}_1 = \dot{I}_{11} + \dot{I}_{21} = 5\underline{/-20°} + 8.66\underline{/-70°} = 12.48\underline{/-52.12°} (A)$$

6.3   三相电路的功率

1. 有功功率的计算

负载不对称时 $\qquad\qquad P = P_u + P_v + P_w$

负载对称时 $\qquad\qquad P = 3U_P I_P \cos\varphi = \sqrt{3}U_1 I_1 \cos\varphi \qquad\qquad$ (6-14)

2. 无功功率的计算

负载不对称时
$$Q = Q_u + Q_v + Q_w$$

负载对称时
$$Q = 3 U_P I_P \sin\varphi = \sqrt{3} U_1 I_1 \sin\varphi \qquad (6\text{-}15)$$

3. 视在功率的计算

负载不对称时
$$S = \sqrt{P^2 + Q^2}$$

负载对称时
$$S = 3 U_P I_P = \sqrt{3} U_1 I_1 \qquad (6\text{-}16)$$

功率因素
$$\lambda = \frac{P}{S} = \cos\varphi \qquad (6\text{-}17)$$

一般情况下,相电压和相电流的测量不如线电压和线电流的测量方便,因此,通常通过线电压和线电流来计算三相电路的功率。

当负载作星形联接时有
$$U_{YP} = \frac{U_1}{\sqrt{3}}, \quad I_{YP} = I_1$$

所以
$$P = 3 U_P I_P \cos\varphi = \sqrt{3} U_1 I_1 \cos\varphi$$

当负载为三角形联接时有
$$U_{\triangle P} = U_1, \quad I_{\triangle P} = \frac{I_1}{\sqrt{3}}$$

所以
$$P = 3 U_P I_P \cos\varphi = \sqrt{3} U_1 I_1 \cos\varphi$$

因此,三相对称负载不论作星形还是三角形联接,总的有功功率的公式可统一写成
$$P = \sqrt{3} U_1 I_1 \cos\varphi \qquad (6\text{-}18)$$

同理,三相无功功率和视在功率的计算公式为
$$Q = \sqrt{3} U_1 I_1 \sin\varphi \qquad (6\text{-}19)$$
$$S = \sqrt{3} U_1 I_1 \qquad (6\text{-}20)$$

例 6-4 一台 Y 联接三相电动机的总功率、线电压、线电流各为 $3.3\,\mathrm{kW}$、$380\,\mathrm{V}$、$6.1\,\mathrm{A}$,试求它的功率因数和每相复阻抗。

解:由公式得这台电动机的功率因数
$$\lambda = \cos\varphi = \frac{P}{\sqrt{3} UI} = \frac{3.3 \times 10^3}{\sqrt{3} \times 380 \times 6.1} = 0.822$$

它每相的复阻抗
$$Z = |Z| \underline{/\varphi} = \frac{U_P}{I_P} \underline{/\arccos\lambda} = \frac{\dfrac{U}{\sqrt{3}}}{I} \underline{/\arccos\lambda}$$
$$= \frac{380}{\sqrt{3} \times 6.1} \underline{/\arccos 0.822} = 36 \underline{/34.71^\circ} = 29.59 + \mathrm{j}20.5\,(\Omega)$$

例 6-5 对称三相三线制的线电压 $U_1 = 100\sqrt{3}\,(\mathrm{V})$,每相负载阻抗为 $Z = 10\underline{/60^\circ}\,(\Omega)$,试求负载为星形及三角形联接两种情况下的电流和三相功率。

解:

(1) 负载为星形联接时,相电压的有效值为:

$$U_P = \frac{U_l}{\sqrt{3}} = 100(\text{V})$$

设 $\dot{U}_U = 100\underline{/0°}(\text{V})$，则线电流等于相电流，为：

$$\dot{I}_U = \frac{\dot{U}_U}{Z} = \frac{100\underline{/0°}}{10\underline{/60°}} = 10\underline{/-60°}(\text{A})$$

$$\dot{I}_V = \frac{\dot{U}_V}{Z} = \frac{100\underline{/-120°}}{10\underline{/60°}} = 10\underline{/-180°}(\text{A})$$

$$\dot{I}_W = \frac{\dot{U}_W}{Z} = \frac{100\underline{/120°}}{10\underline{/60°}} = 10\underline{/60°}(\text{A})$$

三相总功率为：

$$P = \sqrt{3}U_l I_l\cos\varphi = \sqrt{3}\times100\sqrt{3}\times10\times\cos60° = 1500(\text{W})$$

（2）当负载为三角形联接时，相电压等于线电压。

设 $\dot{U}_{UV} = 100\sqrt{3}\underline{/0°}(\text{V})$，相电流为：

$$\dot{I}_{UV} = \frac{\dot{U}_{UV}}{Z} = \frac{100\sqrt{3}\underline{/0°}}{10\underline{/60°}} = 10\sqrt{3}\underline{/-60°}(\text{A})$$

$$\dot{I}_{VW} = \frac{\dot{U}_{VW}}{Z} = \frac{100\sqrt{3}\underline{/-120°}}{10\underline{/60°}} = 10\sqrt{3}\underline{/-180°}(\text{A})$$

$$\dot{I}_{WU} = \frac{\dot{U}_{WU}}{Z} = \frac{100\sqrt{3}\underline{/120°}}{10\underline{/60°}} = 10\sqrt{3}\underline{/60°}(\text{A})$$

线电流为：

$$\dot{I}_U = \sqrt{3}\dot{I}_{UV}\underline{/-30°} = 30\underline{/-90°}(\text{A})$$

$$\dot{I}_V = \sqrt{3}\dot{I}_{VW}\underline{/-30°} = 30\underline{/-210°} = 30\underline{/150°}(\text{A})$$

$$\dot{I}_W = \sqrt{3}\dot{I}_{WU}\underline{/-30°} = 30\underline{/30°}(\text{A})$$

三相总功率为：

$$P = \sqrt{3}U_l I_l\cos\varphi = \sqrt{3}\times100\sqrt{3}\times30\times\cos60° = 4500(\text{W})$$

由此可知，负载由星形联接改为三角形联接后，相电流增加到原来的 $\sqrt{3}$ 倍，线电流增加到原来的 3 倍，功率也增加到原来的 3 倍。

该例说明，三角形联接时总的有功功率是星形联接时的 3 倍。同理可得出无功功率和视在功率的关系，读者可自行分析。所以，要使负载正常工作，负载的接法必须正确，若正常工作是星形联接而误接成三角形联接，将因每相负载承受过高电压，导致电路功率过大而烧毁；若正常工作是三角形联接而误接成星形联接，则因功率过小而导致电路不能正常工作。

4. 三相功率的测量

（1）一表法

一表法适合于三相四线制的功率测量，接法如图 6-10 所示。

三相总功率：
$$P = P_u + P_v + P_w$$

若负载对称,则需一块表,测得一相功率,三相总功率为该表读数乘以3。

（2）二表法

不管负载如何联接,总可以等效为星形负载。二表法的接法如图6-11所示。

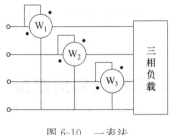

图6-10　一表法

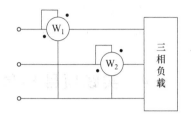

图6-11　二表法

三相瞬时功率为

$$P = P_U + P_V + P_W = u_U i_U + u_V i_V + u_W i_W$$

KCL 为：
$$i_U + i_V + i_W = 0$$

$$P = u_U i_U + u_V i_V + u_W(-i_U - i_V) = (u_U - u_W)i_U + (u_V - u_W)i_V = u_{UW} i_U + u_{VW} i_V$$

$$P = \frac{1}{T}\int_0^T p\,\mathrm{d}t = \frac{1}{T}\int_0^T (u_{UW} i_U + u_{VW} i_V)\,\mathrm{d}t + \frac{1}{T}\int_0^T u_{UW} i_U\,\mathrm{d}t + \frac{1}{T}\int_0^T u_{VW} i_V\,\mathrm{d}t$$

$$= U_{UW} I_U \cos\underline{/(\dot{U}_{UW}, \dot{I}_U)} + U_{VW} I_V \cos\underline{/(\dot{U}_{VW}, \dot{I}_V)}$$

$$= P_1 + P_2$$

式中,P_1为 W_1 的读数;P_2为 W_2 的读数。

故 $P = P_1 + P_2$ 为三相总功率。

注意：

① 只有在 $i_U + i_V + i_W = 0$ 这个条件下,才能用二表法。它只能用于三相三线制电路,不能用于不对称的三相四线制电路。

② 两块表读数的代数和为三相总功率,每块表的单独读数无意义。

③ 按正确极性接线时,二表中可能有一个表的读数为负,此时功率表指针反转,将其电流线圈极性反接后,指针指向正数,但此时读数应记为负值。

④ 二表法测三相功率的接线方式有三种,注意功率表的同极性端。

例6-6　二表法测三相功率。已知负载为对称三相星形联接,电源线电压为380V,求每个功率表的读数及三相负载功率。负载为 $Z = (80 + j60)(\Omega)$。

解：$Z = (80 + j60)(\Omega)$时

$$I_U = I_V = \frac{380/\sqrt{3}}{|Z|} = \frac{220}{\sqrt{60^2 + 80^2}} = \frac{220}{100} = 2.2(\text{A})$$

$$\varphi = \arctan\left(\frac{60}{80}\right) = 36.9°$$

设
$$\dot{U}_U = 220\underline{/0°}(\text{V})$$

则　　　$\dot{I}_U = 2.2\underline{/-36.9°}(A)$，　　$\dot{I}_V = 2.2\underline{/-156.9°}(A)$

　　　　　$\dot{U}_{UW} = 380\underline{/-30°}(V)$，　　$\dot{U}_{VW} = 380\underline{/90°}(V)$

　　　　　$P_1 = U_{UW}I_U\cos(30°-\varphi) = 380\times2.2\cos(-6.9°) = 830(W)$

　　　　　$P_2 = U_{VW}I_V\cos(30°-\varphi) = 380\times2.2\cos(66.9°) = 328(W)$

　　　　　$P = P_1 + P_2 = 830 + 328 = 1158(W)$

6.4　实践项目 8：星形负载三相电路的测量

1. 项目目的

（1）学习三相星形负载的正确联接。

（2）了解中线作用，获得对 Y-Y 不对称三相电路中性点电压一般不为零的感性认识。

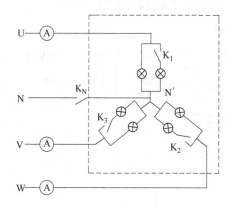

图 6-12　三相星形负载联接电路

（3）验证 Y 形负载相电压对称时，一定有 $U_l = \sqrt{3}U_P$ 的关系。

2. 仪器设备

三相电灯负载电路板、综合实验台。

3. 项目实施步骤

按图 6-12 所示原理电路接线。图中虚线框内部分为三相电灯负载电路板，共装白炽灯（220V，25W）6 盏。

（1）负载对称情形（6 盏白炽灯全部工作）

① 有中线：开关 K_1、K_2、K_3、K_N 同时闭合形成三相四线制对称负载，接通 380V 三相电源，用万用表交流 500V 电压挡测量线电压 U_{AB}、U_{BC} 和 U_{CA} 及相电压 U_A、U_B 和 U_C；从三相电灯负载电路板的三块交流电流表上读取线电流 I_A、I_B 和 I_C。将结果记入表 6-1 中。

表 6-1　三相星形负载联接

电路工作状况		线电压/V			相电压/V			线电流/A		
		U_{AB}	U_{BC}	U_{CA}	U_A	U_B	U_C	I_A	I_B	I_C
负载对称	有中线									
	无中线									
负载不对称	有中线									
	无中线									

② 无中线：开关 K_1、K_2、K_3 同时闭合，K_N 断开，形成三相三线制对称负载，接通工作电源，重新测量上述各参数，将结果记入表 6-1 中。

（2）负载不对称情形（只有 5 盏白炽灯工作）

① 有中线：开关 K_1，K_2，K_N 同时闭合，K_3 断开，形成三相四线制不对称负载，按通工作电源，重新测量上述各参数，将结果记入表 6-1 中。

② 无中线：开关 K_1，K_2 闭合，K_3，K_N 断开，形成三相三线制不对称负载，接通工作电源，重新测量上述各参数，将结果记入表 6-1 中。

4. 项目结论

根据表 6-1 的数据，发现_____

_____（写出线电压、相电压和线电流在 4 种情况下的值有哪些特点）。因此，得出在三相星形联接中，相电压和线电压，电压和电流之间的关系是_____，中性线的作用是_____。

5. 注意事项

不对称情况下，有的负载相电压超过了额定电压 220V，因此测量时间不宜过长。

6.5　实践项目 9：星形负载的功率测定

1. 项目目的

学会测量三相四线制与三相三线制负载功率。

2. 仪器设备

三相电灯负载电路板、综合实验台。

3. 项目实施步骤

功率测量的方法如下。

（1）一表法：适用于测量三相四线制对称负载，如图 6-10 所示。此时三相电路总的有功功率为一只单相功率表读数的 3 倍。

（2）二表法：适用于测量三相三线制负载，如图 6-11 所示。此时三相电路总的有功功率为两只单相功率表读数之和。

4. 项目数据

将测量数据填入表 6-2 和表 6-3。

表 6-2　一表法

电路工作状况	一表法
	P/W
三相四线制星形对称负载	×3=

表 6-3　二表法

电路工作状况	二表法 $P=P_1+P_2$		
	P_1/W	P_2/W	P/W
三相三线制星形对称负载			

5. 项目结论

分析表数据，在对称三相四线制星形联接时，比较用一表法和二表法测量得出的功率值，发现_____，这说明了_____

_____。

6. 注意事项

测量前请仔细阅读 6.3 的注意内容。

习　题　6

6-1　某对称三相负载,每相负载为 $Z=5\underline{/45°}\ \Omega$,接成星形,接在线电压为 380V 的对称三相电源上,求 $\dot{I}_U$、$\dot{I}_V$、$\dot{I}_W$。

6-2　如图 6-13 所示电路是供给白炽灯负载的照明电路,电路电压对称,线电压 $U_L=380V$,每相负载的电阻值 $R_U=5\Omega$,$R_V=10\Omega$,$R_W=20\Omega$。试求:

(1) 各相电流及中性线电流;

(2) U 相断路时,各相负载所承受的电压和通过的电流;

(3) U 相和中性线均断开时,各相负载的电压和电流;

(4) U 相负载短路,中性线断开时,各相负载的电压和电流。

6-3　在图 6-14 所示的对称三相电路中,线电压有效值为 100V,$Z=5\underline{/45°}\ \Omega$。试求:(1)求线电流;(2)求三相负载的有功功率、无功功率和视在功率。

6-4　在图 6-15 所示的对称三相电路中,电源线电压为 380V,负载消耗的总有功功率为 330W、功率因数 $\lambda=\cos\varphi=0.5$(感性)。试求:(1)负载的各相电流相量;(2)若 B 相负载断开,求电压 $\dot{U}_{AN}$、$\dot{U}_{CN}$ 和电流 $\dot{I}_A$。

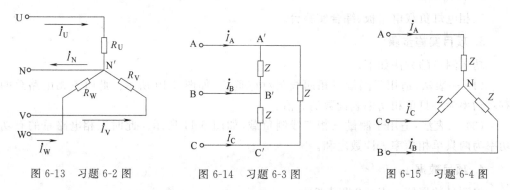

图 6-13　习题 6-2 图　　　　　图 6-14　习题 6-3 图　　　　　图 6-15　习题 6-4 图

6-5　三相电源的联接如图 6-16 所示,已知对称相电压的有效值为 220V,求 $\dot{U}_{AB}$、$\dot{U}_{BC}$ 和 $\dot{U}_{CA}$。

6-6　在图 6-17 所示的三相电路中,对称三相电源线电压为 380V,$X_L=314\Omega$,B、C

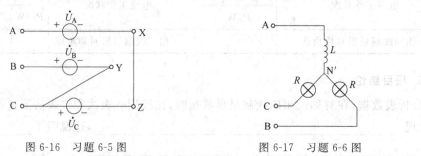

图 6-16　习题 6-5 图　　　　　图 6-17　习题 6-6 图

两相负载均为 220V、40W 的白炽灯。试问哪只白炽灯较亮?

6-7 在图 6-18 所示的对称三相电路中,电源线电压为 380V,端线阻抗 $Z_l=(3+j4)(\Omega)$,负载阻抗 $Z=(90+j120)(\Omega)$。试求:(1)线电流和负载线电压的有效值;(2)三相电源产生的有功功率。

6-8 图 6-19 所示电路的阻抗 Z 为 $(8+j6)(\Omega)$,接至对称三相电源,设电压 $\dot{U}_{AB}=380\underline{/0°}$V。试求:(1)线电流 $\dot{I}_A$;(2)三相负载总的有功功率。

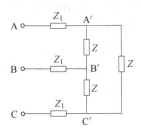

图 6-18 习题 6-7 图

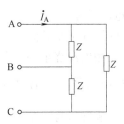

图 6-19 习题 6-8 图

测 验 6

1. 三相四线制供电系统中,火线与中性线间的电压等于( )。
   A. 零电压　　　　B. 相电压　　　　C. 线电压　　　　D. 1/2 线电压

2. 三相四线制供电系统中,线电压指的是( )。
   A. 两相线间的电压　　　　　　B. 中性线对地电压
   C. 相线与中性线　　　　　　　D. 相线对地电压

3. 三相对称负载为三角形联接时,线电流与相应相电流的相位关系是( )。
   A. 相位差为零　　　　　　　　B. 线电流超前相电流 $30°$
   C. 相电流超前线电流 $30°$　　　D. 同相位

4. 三相四线制供电系统中,中线电流等于( )。
   A. 零　　　　　　　　　　　　B. 各相电流的代数和
   C. 三倍相电流　　　　　　　　D. 各相电流的相量和

5. 三相电源绕组的尾端接在一起的联接方式叫( )。
   A. 角接　　　　B. 星接　　　　C. 短接　　　　D. 对称型

6. 三相电压或电流最大值出现的先后次序叫( )。
   A. 正序　　　　B. 逆序　　　　C. 相序　　　　D. 正相位

7. 星形联接三相对称电路中,线电压超前相应相电压( )。
   A. $90°$　　　　B. $180°$　　　　C. $45°$　　　　D. $30°$

8. 三相电源绕组产生的三相电动势在相位上互差( )。
   A. $30°$　　　　B. $90°$　　　　C. $180°$　　　　D. $120°$

9. 三相电源绕组为星形联接时对外可输出( )电压。
   A. 一种　　　　B. 二种　　　　C. 三种　　　　D. 四种

10. 三相对称负载三角形联接于 380V 线电压的电源上,其三个相电流均为 10A,功率因数为 0.6,则其无功功率应为( )kVar。

    A. 0.38   B. 9.12   C. 3800   D. 3.08

11. 电动机绕组采用三角形联接接于 380V 三相四线制系统中,其中三个相电流均为 10A,功率因数为 0.1,则其有功功率为( )kW。

    A. 0.38   B. 0.658   C. 1.14   D. 0.537

12. 三相不对称负载星形联接在三相四线制输电系统中,则各相负载的( )。

    A. 电流对称   B. 电压对称

    C. 电压、电流都对称   D. 电压不对称

13. 对称三相电源绕组的三角形联接中,线电压与相电压的数量关系是( )。

    A. $U_线=\sqrt{3}U_相$ B. $U_线=\sqrt{2}U_相$ C. $U_线=\dfrac{1}{\sqrt{3}}U_相$ D. $U_线=U_相$

14. 三相电源绕组为三角形联接时只能输出( )。

    A. 相电压   B. 两种电压   C. 线电压   D. 以上均不对

15. 下列电源是正相序的是( )。

    A. U→V→W   B. W→V→U   C. U→W→V   D. V→U→W

16. 三相四线制供电线路中,若相电压为 220V,则火线与火线间电压为( )V。

    A. 220   B. 380   C. 311   D. 440

17. 在线电压不变时,负载作三角形联接时的功率是作星形联接时的( )。

    A. 1 倍   B. 2 倍   C. 3 倍   D. $\sqrt{2}$ 倍

18. 三相电路中线电压为 250V,线电流为 400A,则三相电源的视在功率是( )kVA。

    A. 100   B. 173   C. 30   D. 519

19. 一台三相电阻炉,每相电阻为 $R=5.78\Omega$,在 380V 线电压下接成星形联接时,它的功率是( )kW。

    A. 25   B. 50   C. 75   D. 100

20. 电源和负载均为星形联接的对称三相电路中,电源联接不变,负载改为三角形联接,则负载电流有效值将( )。

    A. 增大   B. 减小   C. 不变   D. 不能确定

21. 对称三相电源为三角形联接时,不能将某相接反,否则导致电流过大,烧坏电源绕组。这时三相电源回路内的电压达到相电压的( )倍。

    A. $\sqrt{3}$ B. 2   C. 3   D. 4

22. 测量三相电路功率时,不论电路是否对称,方法正确的是( )。

    A. 三相四线制用二表法   B. 三相三线制用二表法

    C. 三相三线制用一表法   D. 三相四线制用一表法

23. 对称三相负载为三角形联接时,若线电流为 $\dot{I}_{UV}$,则相电流 $\dot{I}_U$ 为( )。

    A. $\dot{I}_{UV}$ B. $\dfrac{1}{\sqrt{3}}\dot{I}_{UV}$ C. $\dfrac{1}{\sqrt{3}}\dot{I}_{UV}\angle{-30°}$ D. $\dfrac{1}{\sqrt{3}}\dot{I}_{UV}\angle{30°}$

24. 三相电路中,下列结论正确的是(   )。

    A. 负载星形联接,必须有中线

    B. 负载三角形联接,线电流必为相电流的$\sqrt{3}$倍

    C. 负载星形联接,线电压必为相电压的$\sqrt{3}$倍

    D. 负载星形联接,线电流等于相电流

25. 对称三相电源星形正序联接,若相电压 $\dot{U}_U = 220\underline{/60°}$ V,则线电压 $\dot{U}_{UV}$ 为(   )V。

    A. $220\underline{/60°}$ B. $\frac{1}{\sqrt{3}}220\underline{/90°}$ C. $\sqrt{3}220\underline{/90°}$ D. $\sqrt{3}220\underline{/30°}$

26. 电力系统中的三相四线制供电方式提供的电压是(   )。

    A. 任意一种电压   B. 相电压

    C. 线电压和相电压   D. 线电压

变 压 器

学习目标

(1) 掌握变压器的结构和工作原理；

(2) 了解变压器的额定值及运行特性；

(3) 了解特殊变压器和三相变压器；

(4) 能测试小型变压器的特性。

变压器是一种常用的电气设备，它是根据电磁感应原理制成的，具有变压、变流和变阻抗的作用，因而在电力系统和电子线路中应用十分广泛。

7.1 磁场的基本概念和定律

7.1.1 磁场的基本物理量

1. 磁感应强度 B

磁感应强度是表示磁场内某点磁场强弱及方向的物理量，是矢量。B 的大小等于通过垂直于磁场方向单位面积的磁力线条数，磁力线上某点的切线方向就是该点磁感应强度 B 的方向，可用右手螺旋定则确定。单位：特斯拉(T)。

如果磁场内各点的磁感应强度大小相等、方向相同，则这样的磁场称为匀强磁场。

2. 磁通 Φ

通过与磁场方向垂直的某一面积上的磁力线的总数称为磁通 Φ，在匀强磁场中，磁通 Φ 等于磁感应强度 B 与垂直于磁场方向的面积 S 的乘积,即 $\Phi = BS$。单位:韦伯(Wb)。

3. 磁导率 μ

磁导率是一个用来表示介质导磁性能强弱的物理量,不同的物质有不同的磁导率,单位:亨/米(H/m)。

真空的磁导率:

$$\mu_0 = 4\pi \times 10^{-7}\,\mathrm{H/m}$$

非铁磁物质的磁导率与真空极为接近,铁磁物质的磁导率远大于真空的磁导率。

4. 相对磁导率 μ_r($\mu_r = \mu/\mu_0$)

物质的磁导率与真空磁导率的比值称为相对磁导率,非铁磁物质 μ_r 近似为 1,铁磁物质的 μ_r 远大于 1。

5. 磁场强度 H

磁场强度只与产生磁场的电流以及这些电流分布有关,而与磁介质的磁导率无关,是矢量,单位:安/米(A/m),它是为了简化计算而引入的辅助物理量。

$$H = \frac{B}{\mu}$$

7.1.2 铁磁材料的磁性能

磁性材料主要是指由元素铁、钴、镍及其合金等构成的材料。它们的主要磁性能如下。

1. 高导磁性

铁磁材料的磁导率可达 $10^4\,\mathrm{H/m}$,在外磁场的作用下,其内部的磁感应强度大大增强,这种现象称为磁化。铁磁材料的磁化现象与其内部的分子电流有关。磁性物质没有外磁场时,各磁畴是混乱排列的,磁场互相抵消;而有外磁场时,在外磁场作用下,磁畴逐渐转到与外磁场一致的方向上,即产生了一个与外磁场方向一致的磁化磁场,从而使磁性物质内的磁感应强度大大增强——物质被强烈地磁化了。

磁性物质被广泛地应用于电工设备中,电动机、电磁铁、变压器等设备的线圈中都含有铁心,就是利用其磁导率大的特性,使得在较小的电流情况下可得到尽可能大的磁感应强度和磁通。

非磁性材料没有磁畴的结构,所以不具有磁化特性。

2. 磁饱和性

磁性物质因磁化产生的磁场是不会无限制增加的,当外磁场(或激励磁场的电流)增大到一定程度时,全部磁畴都将转向与外场方向一致,这时的磁感应强度将达到饱和值。

铁磁材料的磁化特性可用磁化曲线,即 $B = f(H)$ 曲线来表示,如图 7-1(a)所示。铁磁材料的磁化曲线不是直线。在 Oa 段,B 随 H 线性增大;在 ab 段,B 增大缓慢,开始进入饱和;b 点以后,B 基本不变,为饱和状态。铁磁材料的 μ 不是常数,其 B 和 H 的关系

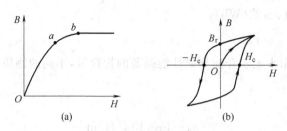

图 7-1 磁化曲线与磁滞回线

是非线性的。非铁磁物质的磁化曲线是通过坐标原点的直线。

3. 磁滞性

铁心线圈中通入交变电流时，H 的大小和方向都会改变，铁心在交变磁场中反复磁化，在此过程中，B 的变化总是滞后于 H 的变化。铁磁材料的磁滞性可用如图 7-1(b)所示的磁滞回线来表现。当 H 减小时，B 也随之减小，但当 $H=0$ 时，B 并未回到零值，而是 $B=B_r$。B_r 称为剩磁感应强度，简称剩磁。若要使 $B=0$，则应使铁磁材料反向磁化，即应使磁场强度为 $-H_c$，H_c 称为矫顽磁力。

按导磁性能的好坏，材料大体上可分为两类：磁性材料（也称为铁磁材料）和非磁性材料。铁磁材料根据磁滞性的不同，又可分为软磁材料、硬磁材料和矩磁材料三种。软磁材料的剩磁及矫顽力小，磁滞回线窄，它所包围的面积小，如图 7-2(a)所示。软磁材料比较容易磁化，但去掉磁场后，其磁性大部分消失，如硅钢、铁氧体等，常用来制造变压器、交流电动机等各种交流电气设备。硬磁性材料的磁滞回线包围的面积很宽大，如图 7-2(b)所示，如碳钢、钴钢、铝镍钴合金等，需要较强的外磁场才能磁化，但去掉外磁场后，其磁性不易消失，适用于制造永久磁铁、电工仪表、扬声器及小型直流电动机中的永磁铁饼等。矩磁材料的磁导率极高，磁化过程中只有正、负两个饱和点，如图 7-2(c)所示，适用于制作各类存储器中记忆元件的磁心。

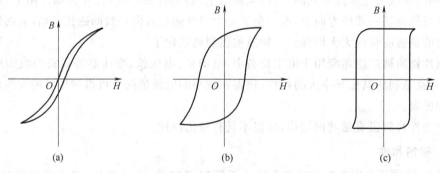

图 7-2 铁磁材料的磁滞回线

7.1.3 磁路

实际电路中，大量电感元件的线圈中有铁心。线圈通电后铁心就构成磁路，如图 7-3 所示，磁路又会影响电路。因此电工技术不仅有电路问题，同时也有磁路问题。

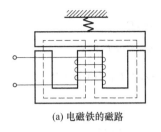
(a) 电磁铁的磁路

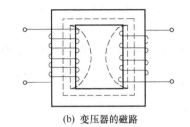
(b) 变压器的磁路

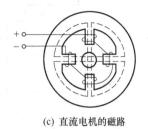
(c) 直流电机的磁路

图 7-3　磁路

7.1.4　磁场的基本定律

1. 安培环路定律

$$\oint_l \vec{H} \cdot \mathrm{d}\vec{l} = \sum I$$

计算电流代数和时,与绕行方向符合右手螺旋定则的电流取正号,反之取负号。

若闭合回路上各点的磁场强度相等且其方向与闭合回路的切线方向一致,则:

$$Hl = \sum I = NI = F$$

式中,$F = NI$ 称为磁动势,单位是安(A)。

2. 磁路欧姆定律

$$\Phi = BS = \mu HS = \mu \frac{NI}{l}S = \frac{NI}{\dfrac{l}{\mu S}} = \frac{F}{R_{\mathrm{m}}}$$

式中,$R_{\mathrm{m}} = \dfrac{l}{\mu S}$ 称为磁阻,表示磁路对磁通的阻碍作用。

因铁磁物质的磁阻 R_{m} 不是常数,它会随励磁电流 I 的改变而改变,因而通常不能用磁路的欧姆定律直接计算,但它可以用来定性分析很多磁路问题。

3. 电磁感应定律

$$e = -N\frac{\mathrm{d}\Phi}{\mathrm{d}t}$$

式中,N 为线圈匝数。感应电动势的方向由 $\dfrac{\mathrm{d}\Phi}{\mathrm{d}t}$ 的符号与感应电动势的参考方向比较而定出。当 $\dfrac{\mathrm{d}\Phi}{\mathrm{d}t} > 0$,即穿过线圈的磁通增加时,$e < 0$,这时感应电动势的方向与参考方向相反,表明感应电流产生的磁场要阻止原磁场的增加;当 $\dfrac{\mathrm{d}\Phi}{\mathrm{d}t} < 0$,即穿过线圈的磁通减少时,$e > 0$,这时感应电动势的方向与参考方向相同,表明感应电流产生的磁场要阻止原磁场的减少。

4. 交流铁心线圈电路

1) 电磁关系

交流铁心的磁路如图 7-4 所示。设线圈的电阻为 R,主磁电动势为 e 和漏感电动势

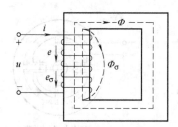

图 7-4　交流铁心线圈磁路

为 e_σ，由 KVL 有：

$$u+e+e_\sigma=iR$$

设主磁通按正弦规律变化：$\Phi=\Phi_\mathrm{m}\sin\omega t$，则：

$$e=-N\frac{\mathrm{d}\Phi}{\mathrm{d}t}=-\omega N\Phi_\mathrm{m}\cos\omega t=E_\mathrm{m}\sin(\omega t-90°)$$

e 的有效值为

$$E=\frac{E_\mathrm{m}}{\sqrt{2}}=\frac{\omega N\Phi_\mathrm{m}}{\sqrt{2}}=4.44fN\Phi_\mathrm{m}$$

设漏磁电感为 L_σ，则

$$e_\sigma=-L_\sigma\frac{\mathrm{d}i}{\mathrm{d}t}$$

所以有

$$u=iR+(-e_\sigma)+(-e)=iR+L_\sigma\frac{\mathrm{d}i}{\mathrm{d}t}+N\frac{\mathrm{d}\Phi}{\mathrm{d}t}=u_\mathrm{R}+u_\sigma+u'$$

写成相量形式为

$$\dot{U}=R\dot{I}+\mathrm{j}X_\sigma\dot{I}+\dot{U}'=\dot{U}_\mathrm{R}+\dot{U}_\sigma+\dot{U}'$$

式中，$X_\sigma=\omega L_\sigma$ 为漏磁感抗，简称漏抗。由于线圈的电阻 R 和漏磁通 Φ_σ 都很小，R 上的电压和漏感电动势 e_σ 也很小，与主磁电动势比较可以忽略不计。于是有：

$$u\approx-e=u'=N\frac{\mathrm{d}\Phi}{\mathrm{d}t}$$

表明在忽略线圈电阻 R 及漏磁通 Φ_σ 的条件下，当线圈匝数 N 及电源频率 f 一定时，主磁通的幅值 Φ_m 由励磁线圈外的电压有效值 U 确定，与铁心的材料及尺寸无关。

2）功率损耗

$$P=UI\cos\varphi=\Delta P_\mathrm{Cu}+\Delta P_\mathrm{Fe}=I^2R+I^2R_0$$

式中，I 是线圈电流，R 是线圈电阻，R_0 是和铁损相对应的等效电阻。

铜损 $\Delta P_\mathrm{Cu}=I^2R$ 由线圈导线发热引起。

铁损 $\Delta P_\mathrm{Fe}=I^2R_0$ 主要是由磁滞和涡流产生的。

图 7-5 所示的 X_0 是反映线圈能量储放的等效感抗。

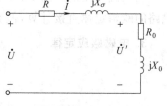

图 7-5　线圈能量储放电路示意图

例 7-1　有一铁心线圈，接到 $U=220\mathrm{V}$、$f=50\mathrm{Hz}$ 的交流电源上，测得电流 $I=2\mathrm{A}$，功率 $P=50\mathrm{W}$。

（1）不计线圈电阻及漏磁通，试求铁心线圈等效电路的 R_0 及 X_0；

（2）若线圈电阻 $R=1\Omega$，试计算该线圈的铜损及铁损。

解：

（1）由 $P=UI\cos\varphi$，得

$$\varphi=\arccos\frac{P}{UI}=\arccos\frac{50}{220\times2}=83.5°$$

阻抗为

$$Z=R_0+\mathrm{j}X_0=\frac{U}{I}\underline{/\varphi}=\frac{220}{2}\underline{/83.5°}=110\underline{/83.5°}=12.5+\mathrm{j}109.3(\Omega)$$

$$R_0=12.5\Omega,\quad X_0=109.3\Omega$$

（2）铜损为

$$\Delta P_{Cu} = I^2 R = 2^2 \times 1 = 4 (W)$$

铁损为

$$\Delta P_{Fe} = P - \Delta P_{Cu} = 50 - 4 = 46 (W)$$

或

$$\Delta P_{Fe} = I^2 R_0' = 2^2 \times (12.5 - 1) = 46 (W)$$

7.2　变压器的基本结构和分类

变压器是一种电能转换装置，可以将能量从一个或多个回路转换到另一个或多个回路中去。变压器由磁介质、骨架和线圈组成。有时为了起到电磁屏蔽作用，变压器还要用铁壳或铅壳罩起来。骨架中填充铁磁性介质的变压器称为铁心变压器，电力系统和低频电子电路中常使用铁心变压器。骨架中填充非铁磁性介质的变压器称为空心变压器，空心变压器主要用于高频电子电路。

铁心是用来传递磁通的重要部件，通常采用导磁系数高又互相绝缘的硅钢片叠加制成。铁心的形状通常有"口"字形（或"D"字形）、"E"字形以及"C"字形等。

为了使线圈与硅钢片或其他磁性材料之间绝缘，线圈和引出线要排列整齐，绕线平整紧密，从而提高绕制的效率。变压器的线圈一般都绕在线圈骨架上。线圈骨架的形状和尺寸是由铁心的规格、尺寸决定的，一般要求铁心截面以能自如插入线圈骨架为宜。

绕组是变压器的电路部分，一般采用绝缘性能良好的漆包线（大多为铜线）绕制在线圈骨架上构成。联接电源（或信号源）的绕组为一次绕组（也称原绕组、初级绕组、初级线圈），联接负载的绕组为二次绕组（也称副绕组、次级绕组、次级线圈）。一般情况下，一次、二次绕组的匝数不同，匝数多的绕组电压较高，匝数少的绕组电压较低。

变压器按其用途的不同，可以分为电力变压器和特殊变压器。电力变压器是应用于电力系统变配电的变压器。如在电力系统中，为了降低损耗和提高输电效率必须采用高压输电，这时可采用升压变压器使得由发电机发出的 15kV～20kV 的电压（由发电机的额定数据确定），升高到 20kV～750kV，从而可以传输很远的距离到达大容量的用电区。电能到达用电区后，还要采用不同电压等级的降压变压器将高电压降低为便于操作和使用的较低的电压。在现实生活中，针对某种特殊需要制造的专用变压器，称为特殊变压器。如调压用的自耦变压器，仪表测量用来改变电流、电压量程的仪用变压器，以及其他一些专用的变压器（音频变压器、整流变压器、高频变压器和电焊变压器等）。

另外，根据铁心与绕组的相互配置形式，变压器可以分为壳式变压器和心式变压器；根据电源的相数，变压器可以分为单相变压器和三相变压器；根据绕组数，变压器可以分为两绕组变压器和多绕组变压器；根据冷却方式的不同，变压器可以分为自冷式变压器（也称干式变压器）和油浸式变压器等。

上述各种变压器有不同的用途，但其功能是相同的——变换电压、变换电流、变换阻抗以及改变相位等。

7.3 变压器的工作原理和作用

7.3.1 变压器的工作原理

变压器是以互感现象为理论基础的电磁装置。如图 7-6 所示，一次绕组匝数为 N_1，电压为 u_1，电流为 i_1，主磁电动势为 e_1，漏磁电动势为 $e_{\sigma 1}$；二次绕组匝数为 N_2，电压为 u_2，电流为 i_2，主磁电动势为 e_2，漏磁电动势为 $e_{\sigma 2}$。

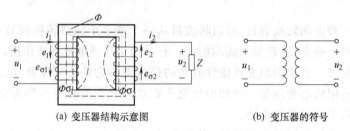

(a) 变压器结构示意图　　　　　(b) 变压器的符号

图 7-6　变压器结构示意图及符号

如果在变压器的一次绕组两端加上交流电压，则一次绕组内有交流电流通过，并在铁心中产生交变磁通，交变磁通在一、二次绕组两端均产生感应电动势。对负载而言，二次绕组中的感应电动势就相当于电源电动势。二次感应电动势通过线圈接通负载，在该回路形成电流，此电流称为二次电流。二次电流在负载上消耗的能量是由一次绕组通过变压器铁心中的交变磁通，依靠磁耦合而传递到回路中的。

满足下列条件的变压器称为理想变压器。

(1) 没有漏磁通，即全耦合。

(2) 一、二次绕组的电阻为零，即导线中没有电能损耗（铜损）。

(3) 铁心中没有涡流损耗和磁滞损耗，即没有铁损。

(4) 铁心中的磁导率 μ 趋近于无穷大，一、二次绕组中的感抗趋于无穷大，电能转换效率为 100%。

理想变压器在电路中的作用是变换信号和传输能量。

7.3.2 电压变换

1. 一次绕组的电压方程

$$\dot{U}_1 = R_1 \dot{I}_1 + jX_{\sigma_1} \dot{I}_1 - \dot{E}_1$$

忽略电阻 R_1 和漏抗 X_{σ_1} 的电压，则

$$\dot{U}_1 \approx -\dot{E}_1$$

$$U_1 \approx E_1 = 4.44 f N_1 \Phi_m$$

2. 二次绕组的电压方程

空载时二次绕组电流 $\dot{I}_2 = 0$，电压 $\dot{U}_{20} = \dot{E}_2$，有

$$U_{20} = E_2 = 4.44 f N_2 \Phi_m$$

$$\frac{U_1}{U_{20}} \approx \frac{E_1}{E_2} = \frac{N_1}{N_2} = k$$

式中,k 称为变压器的变比。

在负载状态下,由于二次绕组的电阻 R_2 和漏抗 X_{σ_1} 很小,其上的电压远小于 E_2,仍有:

$$\dot{U}_2 \approx \dot{E}_2$$

$$U_2 \approx E_2 = 4.44 f N_2 \Phi_m$$

$$\frac{U_1}{U_2} \approx \frac{E_1}{E_2} = \frac{N_1}{N_2} = k$$

对于理想变压器,设一次绕组匝数为 N_1,端电压有效值为 U_1;二次绕组匝数为 N_2,端电压有效值为 U_2。则一、二次电压满足:

$$\frac{U_1}{U_2} = \frac{N_1}{N_2} = n \tag{7-1}$$

式中,n 称为理想变压器匝数比,简称匝比或变换系数。

当 $n > 1$ 时,$U_1 > U_2$,这种变压器称为降压变压器;

当 $n < 1$ 时,$U_1 < U_2$,这种变压器称为升压变压器。

7.3.3 电流变换

由 $U_1 \approx E_1 = 4.44 N_1 f \Phi_m$ 可知,U_1 和 f 不变时,E_1 和 Φ_m 也都基本不变。因此,有负载时产生主磁通的一、二次绕组的合成磁动势($i_1 N_1 + i_2 N_2$)和空载时产生主磁通的一次绕组的磁动势 $i_0 N_1$ 基本相等,即

$$i_1 N_1 + i_2 N_2 = i_0 N_1$$

$$\dot{I}_1 N_1 + \dot{I}_2 N_2 = \dot{I}_0 N_1$$

空载电流 i_0 很小,可忽略不计,有:

$$\dot{I}_1 N_1 \approx -\dot{I}_2 N_2$$

$$\frac{I_1}{I_2} \approx \frac{N_2}{N_1} = \frac{1}{k}$$

对于理想变压器,一、二次电流有效值之比为

$$\frac{I_1}{I_2} = \frac{U_2}{U_1} = \frac{N_2}{N_1} = \frac{1}{n} \tag{7-2}$$

说明:

(1) 线圈中的电流与匝数成反比;

(2) 若线圈中的电流大些,则为了降低损耗,制造时所用导线要粗一些,若电流小,为节约材料可选用细一些的导线;

(3) 实际应用中,空载时要使变压器的一次绕组与电源断开,以减少不必要的能量损耗。

7.3.4 阻抗变换

从一次绕组两端看进去的输入阻抗的模 $|Z'_L|$ 为

$$|Z'_L| = \frac{\dot{U}_1}{\dot{I}_1} = \frac{n\dot{U}_2}{\frac{1}{n}\dot{I}_2} = n^2|Z_L| \qquad (7\text{-}3)$$

说明：负载阻抗 Z_L 折算到初级线圈的阻抗为 n^2Z_L，理想变压器起到了阻抗变换的作用。实际工作中，为达到阻抗匹配的目的，常采用改变线圈匝数的方法来实现，以使负载获得最大功率。

例 7-2 图 7-7 所示电路中，某晶体管收音机输出变压器的一次绕组的匝数 $N_1 = 230$ 匝，二次绕组的匝数 $N_2 = 80$ 匝，原来配有阻抗为 8Ω 的扬声器电路，电路处于匹配状态，问晶体管收音机的输出阻抗为多少？若将阻抗改接为 4Ω 的扬声器，则输出变压器二次绕组的匝数应如何变动（一次绕组的匝数不变）？

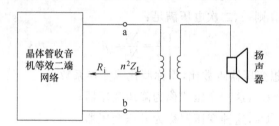

图 7-7 例 7-2 图

解：

$$n = \frac{N_1}{N_2} = \frac{230}{80} = \frac{23}{8}$$

因为电路处于匹配状态，所以收音机的输出阻抗为

$$Z'_L = n^2 Z_L = \left(\frac{23}{8}\right)^2 \times 8 = 66.1(\Omega)$$

当 $Z_L = 4\Omega$ 时，有

$$\left(\frac{230}{N'_2}\right)^2 \times 4 = 66.1(\Omega)$$

所以有

$$N'_2 = \sqrt{\frac{230^2 \times 4}{66.1}} = 56.6 \approx 57$$

7.4 特殊变压器

1. 自耦变压器

前述双绕组变压器的一、二次绕组是分开的，它们之间只有磁耦合而无电的直接联系，但自耦变压器只有一个绕组，一、二次绕组不仅有磁的耦合，而且有电的直接联系。

在实验室中为了能平滑地变换交流电压，经常采用自耦变压器，图 7-8 所示为其电路图。

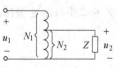

图 7-8 自耦变压器

自耦变压器分为可调式和固定抽头式两种。固定抽头式自耦变压器常用于全自动交流稳压电源、高压实验台、电扇调速绕

组中等。可调式自耦变压器是实验室中广泛应用的调压器。

自耦变压器与普通双绕组变压器的工作原理相同,有:

$$\frac{U_1}{U_2}=\frac{N_1}{N_2}=n,\qquad \frac{I_1}{I_2}=\frac{1}{n}$$

为了平滑地调节输出电压,将自耦变压器的二次侧抽头做成可以沿线圈任意滑动的电刷触点,转动电刷可以改变二次侧的匝数,以获得所需的电压,这种自耦变压器称为调压器。

2. 仪用互感器

在高电压、大电流的系统和装置中,为了测量和使用上的方便与安全,需要用互感器把电压、电流降低。用于变换电流的互感器称为电流互感器,如图 7-9 所示;用于电压变换的互感器称为电压互感器,如图 7-10 所示。

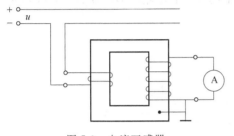

图 7-9　电流互感器

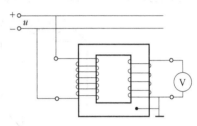

图 7-10　电压互感器

电压互感器是一个降压变压器,其一次绕组的匝数多,并联接于被测高压电路中;二次绕组的匝数少,一些测量仪表,如电压表和功率表的电压绕组等作为负载并联接于二次侧两端。

$$被测电压=电压表读数 \cdot N_1/N_2$$

为使仪表标准化,其二次侧的额定电压标准值为 100V。

电压互感器的二次侧不能短路,否则会因短路电流过大而烧毁;其次,电压互感器的铁心、金属外壳和二次侧的一端必须可靠接地,防止绝缘损坏时,二次侧出现高电压而危及人员的安全。

电流互感器用于将大电流变换为小电流,所以其一次绕组的匝数少,二次绕组的匝数多。由于电流互感器用于测量电流,所以其一次侧应串接于被测线路中,二次侧与电流表和功率表的电流绕组等负载相串接。

$$被测电流=电流表读数 \cdot N_2/N_1$$

通常,电流互感器的二次侧额定电流设计成标准值 5A。

电流互感器的二次侧不能开路,以防产生高电压。为保证安全,电流互感器的二次侧也要可靠接地。

3. 信号变压器

在电路中,信号变压器主要用来不失真地传输弱小电信号,并实现功率的最大传输,信号变压器的频率特性是用户关心的最主要指标之一。

(1)音频变压器是用来传输音频信号的变压器,其工作频率一般为 20Hz～20kHz,属于低频信号范围。

幅度相同的不同频率信号通过变压器后,其幅度将随频率产生不同程度的衰减。一般情况是,信号的频率越低或越高,其衰减幅度越大。

音频变压器正常工作的最低频率(下限截止频率)为

$$f_L \approx \frac{n^2 R_L}{2\pi L_0}$$

式中,f_L 表示音频变压器的下限截止频率,单位为 Hz;n 表示音频变压器的匝比;R_L 表示负载电阻,单位为 Ω;L_0 表示音频变压器一次绕组主电感(励磁电感),单位为 H。

音频变压器的音质要好(即 f_L 越低,低音越丰富),其励磁电感 L_0 就必须足够大,这也是高品质音频变压器体积比较大的原因。

(2) 中频变压器又称为中周,其外表是一个正方体金属外壳,上面有"一"字形槽口,用来调节变压器的铁心,改变其电感量。中频变压器的外形和电路图形符号如图 7-11 所示。

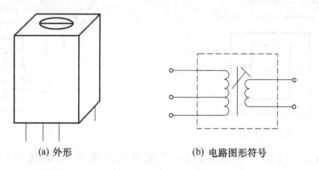

(a) 外形   (b) 电路图形符号

图 7-11 中频变压器

中频变压器在信号电路中主要用于选频和级间耦合。选频电路通常并联在中频变压器的一次绕组(大中型变压器为二次绕组)上,构成并联谐振电路,以达到选频的目的。级间耦合是利用变压器能传输交流量的特点实现的。

7.5 三相变压器

1. 三相变压器的结构

三相变压器的外形如图 7-12 所示,其铁心和绕组如图 7-13 所示。

2. 变压器的额定值

(1) 产品型号:表示变压器的结构和规格,如 SJL-500/10,其中 S 表示三相(D 表示单相),J 表示油浸自冷式,L 表示铝线(铜线无文字表示),500 表示容量为 500kV·A,10 表示高压侧线电压为 10kV。

(2) 额定电压:指高压绕组接于电网的额定电压,与此相应的是低压绕组的空载线电压,例如 10000(±5%)/400V,其中 10000(±5%)表示高压绕组的额定线电压为 10000V,并允许在±5%范围内变动,低压绕组输出空载线电压为 400V。

(3) 额定电流:额定电流 I_{1N} 和 I_{2N} 是指一次绕组加上额定电压 U_{1N} 时,一、二次绕组允许长期通过的最大电流。三相变压器的 I_{1N} 和 I_{2N} 均为线电流。

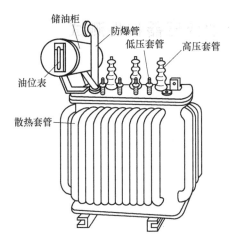

储油柜　防爆管
低压套管　高压套管
油位表
散热套管

图 7-12　三相变压器的外形

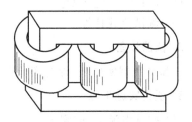

图 7-13　铁心和绕组

（4）额定容量：是在额定工作条件下，变压器输出能力的保证值。单相变压器的额定容量为二次绕组额定电压与额定电流的乘积，即

$$S_N = U_{2N} I_{2N} \approx U_{1N} I_{1N}$$

三相变压器的额定容量为

$$S_N = \sqrt{3} U_{2N} I_{2N} \approx \sqrt{3} U_{1N} I_{1N}$$

（5）联接组标号：联接组标号表明变压器高压、低压绕组的联接方式。星形联接时，高压端用大写字母 Y，低压端用小写字母 y 表示。三角形接法时高压端用大写字母 D，低压端用小写字母 d 表示。有中线时加 n。例如，Y, yn0 表示该变压器的高压侧为无中线引出的星形联接，低压侧为有中线引出的星形联接，标号的最后一个数字 0 表示高低压对应绕组的相位差为零。

三相变压器的两种接法及电压的变换关系如图 7-14 所示。

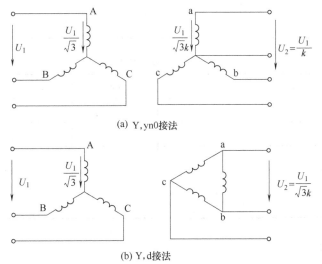

(a) Y, yn0 接法

(b) Y, d 接法

图 7-14　三相变压器的两种接法及电压的变换关系

7.6　实践项目 10：小型变压器特性测试

1. 项目目的

（1）测试空载电流 I_{10}。

（2）测试空载电压 U_{20}。

（3）测试负载特性。

2. 仪器设备

小型变压器实验板、综合实验台。

3. 项目实施步骤

（1）空载电流 I_{10} 的测试。

（2）空载电压 U_{20} 的测试。

（3）负载特性测试调节 U_2 恒定为 36V，改变负载（用变压器实验板上的电阻），测量变压器的负载特性。

①$R=360\times4$；②$360\times2$；③360；④$360\div2$；⑤$360\div4$。

注：乘是电阻串联，除是电阻并联。

4. 项目数据

测试结果填入表 7-1 和表 7-2。

表 7-1　空载特性测试

负　　载	1	2
P_{10}		
I_{10}		
U_{10}		
U_{20}		

表 7-2　负载特性测试

负载	360×4	360×2	360	$360\div2$	$360\div4$
I_2					
U_2					
P_2					
P_1					
I_1					

5. 项目结论

（1）从表 7-1 中可以看出一次电流有＿＿＿＿＿＿＿＿＿＿＿特点。

(2) 从表 7-2 中可以看出一次电流与_____因素有关。

习　题　7

7-1　一台电子仪器上用的电源变压器,一次绕组的匝数 $N_1 = 550$ 匝,接在 $U_1 = 220V$ 的交流电源上。若要求二次绕组空载电压 $U_{20} = 30V$,试求该变压器的变压比和二次绕组的匝数。

7-2　机床上的低压照明变压器,现在二次绕组端接 $P_2 = 60W$、$U_2 = 36V$ 的白炽灯一盏,求 I_1 及 I_2。

7-3　一只阻抗为 8Ω 的扬声器,需要用变压器把阻抗变换成 800Ω 才能接到收音机的输出端,问应选一只电压比为多少的变压器?

7-4　阻抗为 8Ω 的扬声器,通过一变压器接到信号源电压为 $10V$,内阻为 200Ω 的电路上,若要使负载获得最大功率,则变压器的变压比为多少?并求负载的最大功率。

7-5　已知信号源的交流电动势 $U_S = 2.4V$,内阻 $R_0 = 600\Omega$,通过变压器使信号源与负载完全匹配,若这时负载电阻的电流 $I_L = 4mA$,则负载电阻应为多大?

7-6　已知某变压器的一次绕组电压为 $3000V$,二次绕组电压为 $220V$,负载是一台 $220V$、$25W$ 的电阻炉,试求一、二次绕组的电流各为多少?

7-7　变压器的一次绕组匝数 $N_1 = 1000$ 匝,二次绕组匝数 $N_2 = 500$ 匝,现一次侧加电压 $220V$,二次侧接电阻性负载,测得二次侧电流为 $4A$,忽略变压器的内阻抗及损耗,试求:(1) 一次侧等效阻抗;(2) 负载消耗的功率。

测　验　7

1. $35kV$ 以下的安全用电所使用的变压器必须为(　　)结构。
   A. 自耦变压器　　　　　　　　　　　B. 一次、二次绕组分开的双绕组变压器
   C. 整流变压器　　　　　　　　　　　D. 一次、二次绕组分开的三绕组变压器

2. 变压器降压使用时,能输出较大的(　　)。
   A. 功率　　　　　　B. 电流　　　　　　C. 电能　　　　　　D. 电压

3. 额定容量为 $100kV \cdot A$ 的变压器,其额定视在功率应(　　)。
   A. 等于 $100kV \cdot A$　　　　　　　　B. 大于 $100kV \cdot A$
   C. 小于 $100kV \cdot A$　　　　　　　　D. 不确定

4. 已知变压器容量 S,功率因数为 0.8,则其无功功率是(　　)。
   A. S　　　　　　B. $0.8S$　　　　　　C. $1.25S$　　　　　　D. $0.6S$

5. 变压器的一、二次电流 I_1、I_2 和一、二次电压 U_1、U_2 之间的关系为(　　)。
   A. $I_1/I_2 = U_1/U_2$　　　　　　　　B. $I_1/I_2 = U_2/U_1$
   C. $I_1/I_2 = U_2^2/U_1^2$　　　　　　　D. 无明显规律

6. 变压器联接组别是指变压器一、二次绕组按一定接线方式联接时,一、二次电压或电流的(　　)关系。

　　A. 频率　　　　　　B. 数量　　　　　　C. 相位　　　　　　D. 频率、数量

7. 从工作原理来看,中、小型电力变压器的主要组成部分是(　　)。

　　A. 油箱和油枕　　　　　　　　　　B. 油箱和散热器

　　C. 铁心和绕组　　　　　　　　　　D. 外壳和保护装置

8. 油浸式中、小型电力变压器中变压器油的作用是(　　)。

　　A. 润滑和防氧化　　　　　　　　　B. 绝缘和散热

　　C. 阻燃和防爆　　　　　　　　　　D. 灭弧和均压

9. 自耦变压器降压启动方法一般适用于三相笼型异步电动机(　　)容量。

　　A. 较大　　　　　　B. 较小　　　　　　C. 很小　　　　　　D. 各种

10. 有一台电力变压器,型号为 SJL-560/10,其中的字母"L"表示变压器的(　　)。

　　A. 绕组是用铝线绕制　　　　　　　B. 绕组是用铜线绕制

　　C. 冷却方式是油浸风冷式　　　　　D. 冷却方式是油浸自冷式

电 动 机

学习目标

(1) 掌握三相异步电动机的转动原理；

(2) 掌握三相异步电动机的使用方法；

(3) 理解三相异步电动机的运行和控制方法；

(4) 了解三相异步电动机的机械特性；

(5) 了解单相异步电动机的转动原理；

(6) 了解直流电动机的转动原理；

(7) 能对三相异步电动机进行基本控制。

8.1 三相异步电动机的结构及转动原理

1. 三相异步电动机的结构

三相异步电动机由定子和转子构成,其基本结构如图 8-1 所示。定子和转子都有铁心和绕组。定子的三相绕组为 U_1U_2、V_1V_2、W_1W_2,其结构如图 8-2 所示。转子分为笼型和绕线式两种结构。笼型转子绕组有铜条和铸铝两种形式,其结构如图 8-3 所示。绕线式转子绕组的形式与定子绕组基本相同,3 个绕组的末端联接在一起构成星形联接,3 个始端联接在 3 个铜集电环上,启动变阻器和调速变阻器通过电刷与集电环和转子绕组相联接。

2. 旋转磁场的产生

三相异步电动机的三相绕组,其各相绕组的首端分别用 U_1、V_1、W_1 表示,末端分别用 U_2、V_2、W_2 表示,它们在空间互差 $120°$ 角,并接成 Y 形联接,如图 8-4 所示。

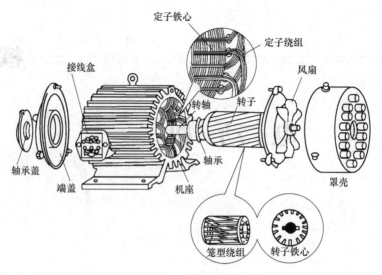

图 8-1　三相异步电动机的结构

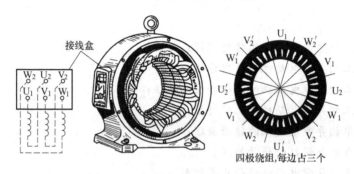

图 8-2　三相异步电动机的定子结构

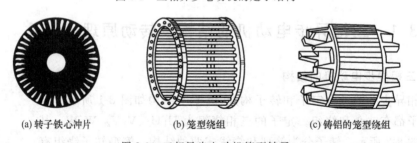

(a) 转子铁心冲片　　　(b) 笼型绕组　　　(c) 铸铝的笼型绕组

图 8-3　三相异步电动机笼型转子

通入三相对称电流,假定电流的正方向由线圈的始端流向末端,流过三相的对称电流为:

$$i_U = I_m \sin\omega t$$
$$i_V = I_m \sin(\omega t - 120°)$$
$$i_W = I_m \sin(\omega t + 120°)$$

$$(8-1)$$

其波形如图 8-5 所示。

由于电流随时间而变,所以电流通过线圈产生的磁场分布情况也随时间而变,如图 8-6 所示。

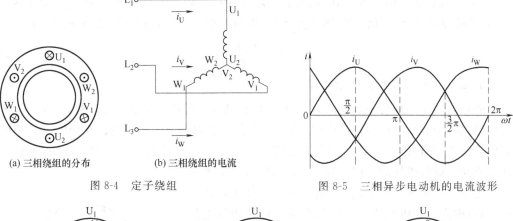

| (a) 三相绕组的分布 | (b) 三相绕组的电流 |
| 图 8-4　定子绕组 | 图 8-5　三相异步电动机的电流波形 |

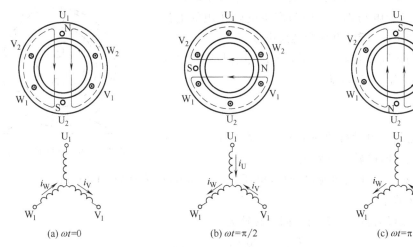

(a) $\omega t=0$　　　　(b) $\omega t=\pi/2$　　　　(c) $\omega t=\pi$

图 8-6　三相两极旋转磁场

（1）在 $\omega t=0$ 的瞬间，由图 8-5 可以看出，$i_U=0$，U 相没有电流流过；i_V 为负，表示电流由末端流向首端（即 V_2 端为⊗，V_1 端为⊙）；i_W 为正，表示电流由首端流入末端（即 W_1 端为⊗，W_2 端为⊙），如图 8-6(a) 所示。这时三相电流所产生的合成磁场方向由"右手螺旋定则"得出定子上方为 N 极，下方为 S 极。

（2）在 $\omega t=\pi/2$ 的瞬间，由图 8-5 得：i_U 为正，i_V、i_W 为负。用同样方式可判得三相合成磁场按顺时针方向在空间转了 90°角，如图 8-6(b) 所示。

（3）在 $\omega t=\pi$ 的瞬间，$i_U=0$，i_V 为正，i_W 为负，合成磁场又按顺时针方向在空间转了 90°角，如图 8-6(c) 所示。

由上述分析不难看出，对于图 8-6 所示的定子绕组，通入三相对称电流后，将产生磁极对数 $p=1$ 的旋转磁场，且交流电流变化一个周期（360°电角度），合成磁场也将在空间旋转一周（360°空间角）。

结论：

（1）在对称的三相绕组中通入三相电流，可以产生在空间旋转的合成磁场；

（2）磁场旋转方向与电流相序一致，电流相序为 U—V—W 时，磁场按顺时针方向旋转，电流相序为 U—W—V 时，磁场按逆时针方向旋转；

(3) 磁场转速(同步转速)与电流频率有关,改变电流频率可以改变磁场转速。对于两极(一对磁极)磁场,电流变化一周,则磁场旋转一周,同步转速 n_0 与磁场磁极对数 p 的关系为

$$n_0 = \frac{60 f_1}{p} \tag{8-2}$$

3. 三相异步电动机的转动原理

静止的转子与旋转磁场之间有相对运动,在转子导体中产生感应电动势,并在形成闭合回路的转子导体中产生感应电流,其方向用右手定则判定。转子电流在旋转磁场中受到磁场力 F 的作用,F 的方向用左手定则判定。电磁力在转轴上形成电磁转矩,电磁转矩的方向与旋转磁场的方向一致。电动机的转动原理如图 8-7 所示。

电动机在正常运转时,其转速 n 总是稍低于同步转速 n_0,因而称为异步电动机。又因为产生电磁转矩的电流是电磁感应所产生的,所以也称为感应电动机。

异步电动机同步转速和转子转速的差值与同步转速之比称为转差率,用 s 表示,即

$$s = \frac{n_0 - n}{n_0} \times 100\% \tag{8-3}$$

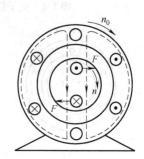

图 8-7　电动机的转动原理

转差率是异步电动机的一个重要参数。异步电动机在额定负载下运行时的转差率约为 $1\% \sim 9\%$。

例 8-1　有一台 4 极感应电动机,电压频率为 $50\,\mathrm{Hz}$,转速为 $1440\,\mathrm{r/min}$,试求这台感应电动机的转差率。

解:因为磁极对数 $p = 2$,所以同步转速为

$$n_0 = \frac{60 f_1}{p} = \frac{60 \times 50}{2} = 1500(\mathrm{r/min})$$

转差率为

$$s = \frac{n_0 - n}{n_0} \times 100\% = \frac{1500 - 1440}{1500} \times 100\% = 4\%$$

8.2　三相异步电动机的电磁转矩和机械特性

1. 三相异步电动机的电路分析

定子、转子电路如图 8-8 所示。

(1) 定子电路分析

$$u_1 = i_1 R_1 + (-e_{\sigma1}) + (-e_1) = i_1 R_1 + L_{\sigma1}\frac{\mathrm{d}i_1}{\mathrm{d}t} + N_1\frac{\mathrm{d}\Phi}{\mathrm{d}t}$$

$$\dot{U}_1 = \dot{I}_1 R_1 + (-\dot{E}_{\sigma1}) + (-\dot{E}_1) = \dot{I}_1 R_1 + \mathrm{j}\dot{I}_1 X_1 + (-\dot{E}_1)$$

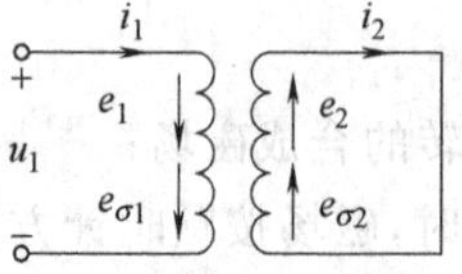

忽略 R_1 和 X_1 上的压降,则:

$$\dot{U}_1 \approx -\dot{E}_1$$

$$U_1 \approx E_1 = 4.44 f_1 N_1 \Phi_{\mathrm{m}} \tag{8-4}$$

图 8-8　定子、转子电路图

（2）转子电路分析

$$\dot{E}_2 = \dot{I}_2 R_2 + (-\dot{E}_{\sigma2}) = \dot{I}_2 R_2 + \mathrm{j}\,\dot{I}_2 X_2$$

$$e_2 = i_2 R_2 + (-e_{\sigma2}) = i_2 R_2 + L_{\sigma2}\frac{\mathrm{d}i_2}{\mathrm{d}t}$$

因为

$$f_2 = \frac{p(n_0-n)}{60} = \frac{n_0-n}{n_0} \cdot \frac{pn_0}{60} = sf_1$$

所以有

$$E_2 = 4.44 f_2 N_2 \Phi_\mathrm{m} = 4.44 sf_1 N_2 \Phi_\mathrm{m} = sE_{20} \qquad (8\text{-}5)$$

$E_{20} = 4.44 f_1 N_2 \Phi_\mathrm{m}$ 为 $n=0$ 即 $s=1$ 时的转子电动势。

$$X_2 = \omega_2 L_2 = 2\pi f_2 L_{\sigma2} = 2\pi sf_1 L_{\sigma=2} = sX_{20}$$

$X_{20} = 2\pi f_1 L_{\sigma2}$ 为 $n=0$ 即 $s=1$ 时的转子漏抗。

转子每相电流为

$$I_2 = \frac{E_2}{\sqrt{R_2^2 + X_2^2}} = \frac{sE_{20}}{\sqrt{R_2^2 + (sX_{20})^2}}$$

转子的功率因数为

$$\cos\varphi_2 = \frac{R_2}{\sqrt{R_2^2 + X_2^2}} = \frac{R_2}{\sqrt{R_2^2 + (sX_{20})^2}}$$

可见异步电动机的转子电流和功率因数也都与转差率 s 有关，如图 8-9 所示。

2. 三相异步电动机的电磁转矩

三相异步电动机的电磁转矩 T 是由旋转磁场的每极磁通 Φ 与转子电流 I_2 相互作用而产生的，故电磁转矩与转子电流的有功分量 $I_2\cos\varphi_2$ 及定子旋转磁场的每极磁通 Φ 成正比，即

$$T = K_\mathrm{T}\Phi I_2\cos\varphi_2 \qquad (8\text{-}6)$$

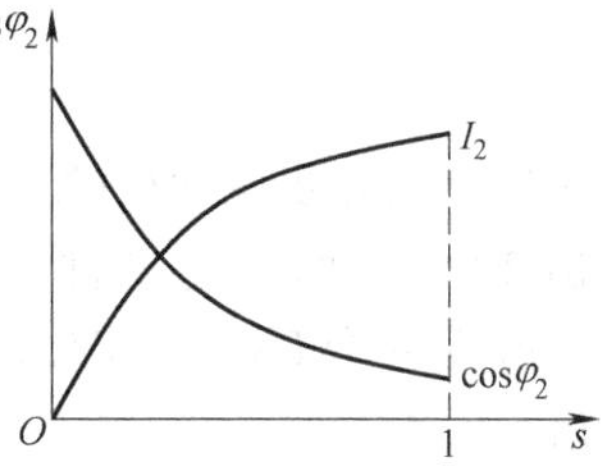

图 8-9　电流、功率因数与转差率关系

式中，K_T 是一个与电动机结构有关的常数。将 I_2、$\cos\varphi_2$ 的表达式及 Φ 与 U_1 的关系式代入上式，得三相异步电动机电磁转矩公式的另一个表示式：

$$T = K\frac{sR_2 U_1^2}{R_2^2 + (sX_{20})^2} \qquad (8\text{-}7)$$

式中，K 是一常数。可见电磁转矩 T 也与转差率 s 有关，并且与定子每相电压 U_1 的平方成正比，电源电压对转矩影响较大。同时，电磁转矩 T 还受到转子电阻 R_2 的影响。

3. 三相异步电动机的机械特性

三相异步电动机的机械特性曲线如图 8-10 所示。

（1）启动转矩

电动机刚启动（$n=0$，$s=1$）时的转矩称为启动转矩，其表达式为

$$T_\mathrm{st} = K\frac{R_2 U_1^2}{R_2^2 + X_{20}^2} \qquad (8\text{-}8)$$

（2）额定转矩

电动机在额定负载下工作时的电磁转矩称为额定转矩，忽略空载损耗转矩，则额定转

矩等于机械负载转矩,为

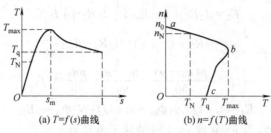

图 8-10 三相异步电动机的机械特性曲线

$$T_N = T_2 = 9550 \frac{P_N}{n_N} \tag{8-9}$$

式中,P_N 是电动机的额定功率,单位为 kW;n_N 是电动机的额定转速,单位是 r/min。

(3) 最大转矩

对应于最大转矩的转差率 s_m 可由 $\frac{dT}{ds} = 0$ 求得,为 $s_m = \frac{R_2}{X_{20}}$。最大转矩为

$$T_{max} = K \frac{U_1^2}{2X_{20}} \tag{8-10}$$

(4) 过载系数

$$\lambda = \frac{T_{max}}{T_N} \tag{8-11}$$

一般三相异步电动机的 $\lambda = 1.8 \sim 2.2$。

例 8-2 有两台功率都为 $P_N = 7.5$kW 的三相异步电动机,一台 $U_N = 380$V、$n_N = 962$r/min,另一台 $U_N = 380$V、$n_N = 1450$r/min,求两台电动机的额定转矩。

解:

第一台 $T_N = 9550 \frac{P_N}{n_N} = 9550 \times \frac{7.5}{962} = 74.45$(N·m)

第二台 $T_N = 9550 \frac{P_N}{n_N} = 9550 \times \frac{7.5}{1450} = 49.4$(N·m)

8.3 三相异步电动机的运行与控制

1. 三相异步电动机的启动

(1) 直接启动

直接启动是利用闸刀开关或接触器将电动机直接接到额定电压上的启动方式,又叫全压启动。

优点:启动简单。

缺点:启动电流较大,将使电路电压下降,影响负载正常工作。

适用范围:电动机容量在 10kW 以下,并且小于供电变压器容量的 20%。

(2) 降压启动

① Y-△联接启动:在启动时将定子绕组联接成星形,通电后电动机运转,当转速升高

到接近额定转速时再换接成三角形,如图 8-11 所示。

适用范围:正常运行时定子绕组是三角形联接,且每相绕组都有两个引出端子的电动机。

优点:启动电流为全压启动时的 1/3。

缺点:启动转矩均为全压启动时的 1/3。

② 自耦降压启动:利用三相自耦变压器将电动机在启动过程中的端电压降低,以达到减小启动电流的目的。自耦降压启动的过程如图 8-12 所示。自耦变压器备有 40%、60%、80% 等多种抽头,使用时要根据电动机启动转矩的要求具体选择。

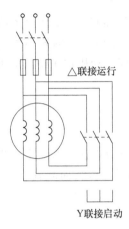

图 8-11　Y-△换接启动

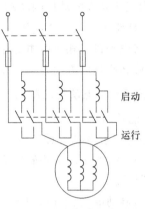

图 8-12　自耦降压启动

(3) 绕线式异步电动机的启动

绕线式异步电动机转子绕组串入附加电阻后,既可以降低启动电流,又可以增大启动转矩,如图 8-13 所示。

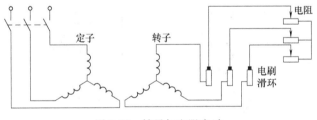

图 8-13　转子加电阻启动

2. 三相异步电动机的调速

三相异步电动机的转速为

$$n=(1-s)n_0=(1-s)\frac{60f_1}{p} \tag{8-12}$$

(1) 变极调速

通过改变电动机的定子绕组所形成的磁极对数 p 来调速。因磁极对数只能是按 1、2、3、…的规律变化,所以用这种方法调速,电动机的转速不能连续、平滑地进行调节。

(2) 变频调速

通过变频器把频率为 50Hz 工频的三相交流电源变换成为频率和电压均可调节的三

相交流电源,然后供给三相异步电动机,从而使电动机的速度得到调节。变频调速属于无级调速,具有机械特性曲线较硬的特点。

（3）变转差率调速

通过改变转子绕组中串接调速电阻的大小来调整转差率以实现平滑调速,又称为变阻调速。调速电阻的接法与启动电阻相同。这种方法只适用于绕线式异步电动机。

3. 三相异步电动机的反转

因为三相异步电动机的转动方向是由旋转磁场的方向决定的,而旋转磁场的转向取决于定子绕组中通入三相电流的相序。因此,要改变三相异步电动机的转动方向非常容易,只要将电动机三相供电电源中的任意两相对调,这时接到电动机定子绕组的电流相序被改变,旋转磁场的方向也被改变,电动机就实现了反转。

4. 三相异步电动机的制动

（1）能耗制动

电动机定子绕组切断三相电源后迅速接通直流电源。感应电流与直流电产生的固定磁场相互作用,产生的电磁转矩方向与电动机转子转动方向相反,从而起到制动作用,如图 8-14 所示。

特点:制动准确、平稳,但需要额外的直流电源。

（2）反接制动

电动机停机时将三相电源中的任意两相对调,使电动机产生的旋转磁场方向改变,电磁转矩方向也随之改变,成为制动转矩,如图 8-15 所示。

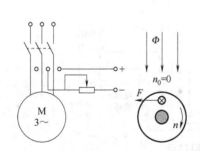

图 8-14 能耗制动

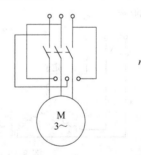

图 8-15 反接制动

注意:当电动机转速接近零时,要及时断开电源防止电动机反转。

特点:制动简单,制动效果好,但由于反接时旋转磁场与转子间的相对运动加快,因而电流较大。对于功率较大的电动机制动时,必须在定子电路(笼型)或转子电路(绕线式)中接入电阻,用以限制电流。

（3）发电反馈制动

电动机转速超过旋转磁场的转速时,电磁转矩的方向与转子的运动方向相反,从而限制转子的转速,起到制动作用,如图 8-16 所示。因为当转子转速大于旋转磁场的转速时,有电能从电动机的定

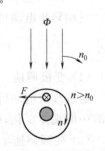

8-16 发电反馈制动

子返回给电源,实际上这时电动机已经转入发电机运行,所以这种制动称为发电反馈制动。

8.4 三相异步电动机的选择与使用

1. 三相异步电动机的铭牌

功率:电动机在铭牌规定条件下,正常工作时转轴上输出的机械功率,称为额定功率或容量。

电压:电动机的额定线电压。

电流:电动机在额定状态下运行时的线电流。

频率:电动机所接交流电源的频率。

转速:额定转速。

接线方法如图 8-17 所示。

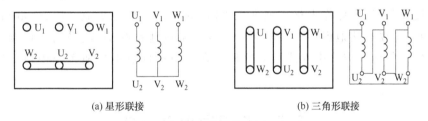

图 8-17 接线方法图

2. 三相异步电动机的选择

合理选择电动机关系到生产机械的安全运行和投资效益。可根据生产机械所需功率选择电动机的容量,根据工作环境选择电动机的结构形式,根据生产机械对调速、启动的要求选择电动机的类型,根据生产机械的转速选择电动机的转速。

3. 电动机的安装

电动机的安装应遵循如下原则。

(1) 对于有大量尘埃、爆炸性或腐蚀性气体,环境温度在 40℃以上以及水中作业等场所,应该选择具有合适的防护形式的电动机。

　　(2) 一般场所安装电动机,要注意防止潮气。不得已的情况下要抬高基础,安装换气扇排潮。

　　(3) 通风条件要良好。环境温度过高会降低电动机的效率,甚至使电动机过热烧毁。

　　(4) 灰尘少。灰尘会附在电动机的线圈上,使电动机的绝缘电阻降低,冷却效果恶化。

　　(5) 安装地点要便于对电动机的维护、检查。

4. 保护接地与保护接零

　　电气设备的保护接地和保护接零是为了防止人体接触绝缘损坏的电气设备所引起的触电事故而采取的有效措施。

　　(1) 保护接地

　　电气设备的金属外壳或构架与土层之间作良好的电气联接称为接地。接地可分为工作接地和保护接地两种。

　　工作接地是为了保证电气设备在正常及事故情况下可靠工作而进行的接地,如三相四线制电源中性点的接地。

　　保护接地是为了防止电气设备正常运行时,不带电的金属外壳或框架因漏电使人体接触时发生触电事故而进行的接地。它适用于中性点不接地的低压电网。

　　(2) 保护接零

　　在中性点接地的电网中,由于单相对地电流较大,保护接地就不能完全避免人体触电的危险,这时要采用保护接零。将电气设备的金属外壳或构架与电网的零线相联接的保护方式叫保护接零。

　　电动机的绝缘如果损坏,运行中机壳就会带电。一旦机壳带电而电动机又没有良好的接地装置,当操作人员接触到机壳时,就会发生触电事故。因此,电动机的安装、使用一定要有接地保护。在电源中性点直接接地系统中,应采用保护接中性线,在电动机密集地区应将中性线重复接地。在电源中性点不接地系统中,应采用保护接地。

8.5　单相异步电动机

1. 单相异步电动机的工作原理与特性

　　在单相异步电动机的定子绕组通入单相交流电时,电动机内产生一个大小及方向随时间沿定子绕组轴线方向变化的磁场,称为脉动磁场,如图 8-18 所示。

　　脉动磁场可以分解为两个大小一样、转速相等、方向相反的旋转磁场 B_1 和 B_2,如图 8-19 所示。沿顺时针方向转动的磁场 B_1 对转子产生顺时针方向的电磁转矩;沿逆时针方向转动的旋转磁场 B_2 对转子产生逆时针方向的电磁转矩。由于在任何时刻这两个电磁转矩都大小相等、方向相反,所以电动机的转子是不会转动的,也就是说单相异步电动机的启动转矩为零,如图 8-20 所示。

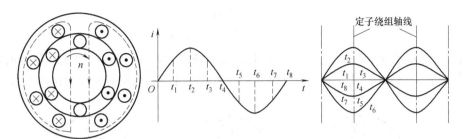

图 8-18 脉动磁场图

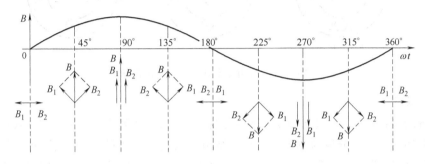

图 8-19 脉动磁场分解图

但一旦让单相异步电动机转动起来,由于顺时针旋转磁场 B_1 和逆时针旋转磁场 B_2 产生的合成电磁转矩不再为零,在这个合成转矩的作用下,即使不需要其他的外在因素,单相异步电动机仍将沿着原来的运动方向继续运转。

由于单相异步电动机总有一个反向的制动转矩存在,所以其效率和负载能力都不及三相异步电动机。

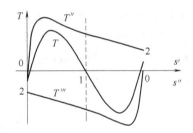

图 8-20 单相电机的机械特性曲线

2. 单相异步电动机的启动

(1) 分相法

电容分相式异步电动机的定子有两个绕组:一个是工作绕组(主绕组);另一个是启动绕组(副绕组)。两个绕组在空间互成 $90°$,如图 8-21 所示。启动绕组与电容 C 串联,使启动绕组电流 i_2 和工作绕组电流 i_1 产生 $90°$ 相位差,即

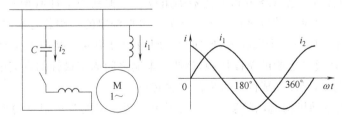

图 8-21 电容分相式异步电动机示意图

$$i_1 = \sqrt{2} I_1 \sin\omega t$$

$$i_2 = \sqrt{2} I_2 \sin(\omega t + 90°)$$

图 8-22 所示分别为 $\omega t = 0°$、$45°$、$90°$ 时合成磁场的方向,由图可见该磁场随着时间的增长顺时针方向旋转。这样一来,单相异步电动机就可以在该旋转磁场的作用下启动了。

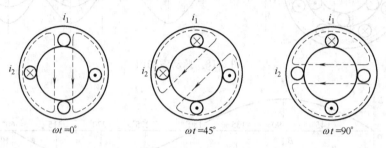

图 8-22　两相交流电产生的旋转磁场

(2) 罩极法

罩极法是在单相异步电动机定子磁极的极面上约 1/3 处套装了一个铜环(短路环),套有短路环的磁极部分称为罩极。当定子绕组通入电流产生脉动磁场后,有一部分磁通穿过铜环,使铜环内产生感应电动势和感应电流。根据楞次定律,铜环中的感应电流所产生的磁场,阻止铜环部分磁通的变化,结果使得没套铜环的那部分磁极中的磁通与套有铜环的这部分磁极内的磁通有了相位差,罩极外的磁通超前罩极内的磁通一个相位角。随着定子绕组中电流变化率的改变,单相异步电动机定子磁场的方向也就不断发生变化,在电动机内形成一个旋转磁场。在这个旋转磁场的作用下,电动机的转子就能够启动起来了。

8.6　直流电动机

8.6.1　直流电动机的结构及分类

直流电动机由定子和转子构成。定子的主要作用是产生磁场,包括主磁极、换向磁极、机座和电刷等。主磁极由铁心和励磁线圈组成,用于产生一个恒定的主磁场。换向磁极安装在两个相邻的主磁极之间,用来减小电枢绕组换向时产生的火花。电刷装置的作用是通过与换向器之间的滑动接触,把直流电压、直流电流引入或引出电枢绕组。

转子由电枢铁心、电枢绕组和换向器等组成。电枢铁心上冲有槽孔,槽内放电枢绕组,电枢铁心也是直流电动机磁路的组成部分。电枢绕组的一端装有换向器,换向器是由许多铜质换向片组成的一个圆柱体,换向片之间用云母绝缘。换向器是直流电动机的重要构造特征,它通过与电刷的摩擦接触,将两个电刷之间固定极性的直流电流变换成为绕组内部的交流电流,以便形成固定方向的电磁转矩。

(1) 他励式电动机构造比较复杂,一般用于对调速范围要求很宽的重型机床等设备中,其接线如图 8-23(a)所示。

（2）并励式电动机在外加电压一定的情况下，励磁电流产生的磁通将保持恒定不变，其接线如图 8-23(b) 所示。启动转矩大，负载变动时转速比较稳定，转速调节方便，调速范围大。

（3）串励式电动机的转速随转矩的增加呈显著下降的软特性，它特别适用于起重设备，其接线如图 8-23(c) 所示。

（4）复励电动机的电磁转矩变化速度较快，负载变化时能够有效克服电枢电流的冲击，比并励式电动机的性能优越，主要用于负载力矩有突然变化的场合，其接线如图 8-23(d) 所示。复励电动机具有负载变化时转速几乎不变的特性，常用于要求转速稳定的机械中。

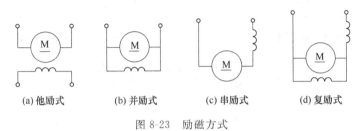

（a）他励式　　　（b）并励式　　　（c）串励式　　　（d）复励式

图 8-23　励磁方式

8.6.2　直流电动机的工作原理和机械特性

1. 直流电动机的转动原理

直流电动机的工作原理如图 8-24 所示。接通直流电压 U 时，直流电流从 a 边流入，b 边流出，由于 a 边处于 N 极之下，b 边处于 S 极之下，则线圈受到电磁力而形成一个逆时针方向的电磁转矩 T，使电枢绕组绕轴线方向逆时针转动。当电枢转动半周后，a 边处于 S 极之下，而 b 边处于 N 极之下，由于采用了电刷和换向器装置，此时电枢中的直流电流方向变为从 b 边流入，从 a 边流出。电枢仍受到一个逆时针方向的电磁转矩 T 的作用，继续绕轴线方向逆时针转动。

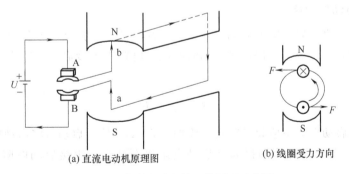

（a）直流电动机原理图　　　　　（b）线圈受力方向

图 8-24　直流电动机的工作原理示意图

2. 电磁转矩与电压平衡方程

电枢的等效电路如图 8-25 所示。

$$T = C_m \Phi I_a$$

$$E = C_e \Phi n$$

$$U = E + I_a R_a$$

3. 机械特性

直流电动机的机械特性如图 8-26 所示。

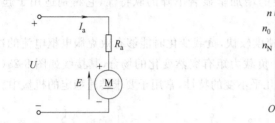

图 8-25　电枢等效电路

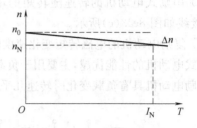

图 8-26　机械特性曲线

$$n = \frac{E}{C_e \Phi} = \frac{U - I_a R_a}{C_e \Phi} = \frac{U}{C_e \Phi} - \frac{R_a}{C_e \Phi} I_a$$

$$= \frac{U}{C_e \Phi} - \frac{R_a}{C_e C_m \Phi^2} T = n_0 - \Delta n$$

直流电动机具有硬的机械特性。

例 8-3　一直流电动机额定电压 $U = 110\text{V}$,电枢电流 $I_a = 10\text{A}$,电枢电阻 $R_a = 0.5\Omega$,求启动瞬间的电流及正常运转时的反电动势。

解:直接启动时的启动电流为

$$I_{st} = \frac{U}{R_a} = \frac{110}{0.5} = 220(\text{A})$$

正常运转时的反电动势为

$$E = U - I_a R_a = 110 - 10 \times 0.5 = 105(\text{V})$$

8.6.3　直流电动机的运行与控制

1. 直流电动机的启动

直流电动机直接启动时的启动电流很大,为额定电流的 $10 \sim 20$ 倍,因此必须限制启动电流。限制启动电流的方法就是启动时在电枢电路中串接启动电阻 R_{st}。启动电阻的值为

$$R_{st} = \frac{U}{I_{st}} - R_a$$

一般规定启动电流不应超过额定电流的 $1.5 \sim 2.5$ 倍。启动时将启动电阻调至最大,待启动后,随着电动机转速的提高将启动电阻逐渐减小。串接启动电阻的接线方式如图 8-27 所示。

根据直流电动机的转速公式 $n = (U - I_a R_a)/C_e \Phi$,可知直流电动机的调速方法有 3 种:改变磁通 Φ 调速、改变电枢电压 U 调速和电枢串联电阻调速。

改变磁通调速的优点是调速平滑,可做到无级调速;调速经济,控制方便;机械特性较硬,稳定性较好。但由于电动机在额定状态运行时磁路已接近饱和,所以通常只是减小磁通将转速往上调,调速范围较小。

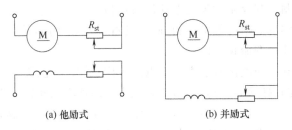

(a) 他励式　　　　　　　　　(b) 并励式

图 8-27　串接启动电阻

改变电枢电压调速的优点是不改变电动机机械特性的硬度,稳定性好;控制灵活、方便,可实现无级调速;调速范围较宽,可达到 6～10。但电枢绕组需要一个单独的可调直流电源,设备较复杂。

电枢串联电阻调速方法简单、方便,但调速范围有限,机械特性变软,且电动机的损耗增大太多,因此只适用于调速范围要求不大的中、小容量直流电动机的调速场合。

2. 直流电动机的制动

直流电动机的制动也有能耗制动、反接制动和发电反馈制动 3 种。

能耗制动是在停机时将电枢绕组接线端从电源上断开后立即与一个制动电阻短接,由于惯性,短接后电动机仍保持原方向旋转,电枢绕组中的感应电动势仍存在并保持原方向,但因为没有外加电压,电枢绕组中的电流和电磁转矩的方向改变了,即电磁转矩的方向与转子的旋转方向相反,从而起到制动作用。

反接制动是在停机时将电枢绕组接线端从电源上断开后立即与一个极性相反的电源相接,电动机的电磁转矩立即变为制动转矩,使电动机迅速减速至停转。

发电反馈制动是在电动机转速超过理想空载转速时,电枢绕组内的感应电动势将高于外加电压,使电机变为发电状态运行,电枢电流的方向改变,电磁转矩成为制动转矩,限制电机转速过分升高。

8.7　实践项目 11:三相异步电动机的控制

1. 项目目的

最终目标:掌握由电气原理图到安装接线实际操作的方法。

促成目标:

(1) 了解三相异步电动机一些基本的控制原理。

(2) 安装接线点动控制、点动和长动运转混合控制、自锁控制、电气互锁和机械互锁的正反转控制电路。

2. 相关知识

常用低压电器介绍如下。

(1) 交流接触器

作用:接触器用于频繁地接通和分断带有负载的主电路或大容量的控制电路,并可实现远距离的自动控制。其控制对象是电动机,也可以是其他电力负载,如电热器、电焊机等。接触器不仅能实现远距离集中控制,而且具有操作频率高,控制容量大,含有低压释放保护,工作可靠,使用寿命长等优点。

结构与工作原理。交流接触器主要由电磁机构、触头系统、灭弧装置等部分组成。电磁机构包括励磁线圈、静铁心和动铁心,所有触头和动铁心相联接。当励磁线圈两端施加额定电压时,产生电磁力将动铁心吸下,带动常开触头闭合接通电路,常闭触头断开而切断电路。当励磁线圈断电时,电磁力消失,复位弹簧使所有触头复位为常态。一般情况下,交流接触器有 5 对常开触头,两对常闭触头。其中 5 对常开触头又有主触头(三对)和辅助触头(两对)之分。主触头设有灭弧装置,允许通过较大电流,所以接入主电路;辅助触头不设灭弧装置,允许通过较小电流,通常接入控制电路中与常开按钮并联。交流接触器的结构和符号如图 8-28 所示。

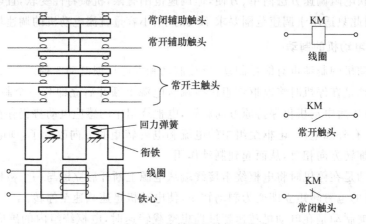

图 8-28　交流接触器的结构和符号

（2）按钮

按钮是在自动控制系统中发布指令或信号的操作电器,称为主令电器。其作用是切换控制电路,使电路接通或分断,实现对电力拖动系统的各种控制。按钮内的动合(常开)触头用来接通控制电路,发出启动指令;动断(常闭)触头用来断开控制电路,发出停止指令。最常见的按钮是复式按钮时,包括一个动合触头和一个动断触头、静触头、按钮帽和复位弹簧组成。当按下按钮时,动触头下移,先断开常闭静触头,后接通常开静触头时。松开按钮时,在复位弹簧的作用下,触头又恢复到初始状态。按钮的结构和符号如图 8-29 所示。

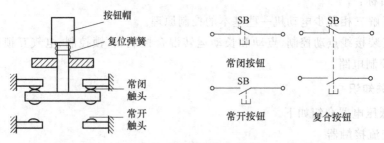

图 8-29　按钮的结构和符号

（3）热继电器

作用：电动机的过载保护。

形式：

① 双金属片式，利用双金属片受热弯曲去推动杠杆使触头动作，其结构和符号如图 8-30 所示。

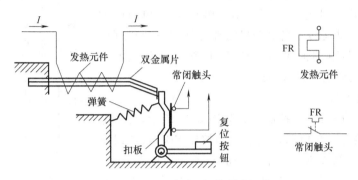

图 8-30 双金属片式热继电器结构和符号

② 热敏电阻式，利用电阻值随温度变化而变化的特性制成。

③ 易熔合金式，利用过载电流发热使易熔合金熔化而使继电器动作。

下层金属的膨胀系数大，上层金属的膨胀系数小。当主电路中电流超过允许值而使双金属片受热时，双金属片的自由端便向上弯曲超出扣板，扣板在弹簧的拉力下将常闭触头断开。触头是接在电动机的控制电路中的，控制电路断开便使接触器的线圈断电，从而断开电动机的主电路。

（4）时间继电器

通电延时空气式时间继电器利用空气的阻尼作用达到动作延时的目的。吸引线圈通电后将衔铁吸下，使衔铁与活塞杆之间有一段距离。在释放弹簧的作用下，活塞杆向下移动。在伞形活塞的表面固定有一层橡皮膜，活塞向下移动时，膜上面会造成空气稀薄的空间，活塞受到下面空气的压力，不能迅速下移。当空气由进气孔进入时，活塞才逐渐下移。当活塞移动到最后位置时，杠杆使微动开关动作。时间继电器的符号如图 8-31 所示。

图 8-31 时间继电器符号

3. 仪器设备

（1）综合实验台；

（2）三相异步电动机：1台；

（3）控制电路实验板：3块。

4. 项目实施步骤

（1）点动控制电路

在生产实践中，某些生产机械常会要求既能正常启动，又可随机停止，以能实现位置调整的点动工作。

　　所谓点动,即按按钮时电动机转动工作,松开按钮后,电动机立即停止工作。点动控制主要用于机床刀架、横梁、立柱等的快速移动、对刀调整等过程中。图 8-32 所示是由接触器、按钮、开关和熔断器组成的电动机点动控制电路。

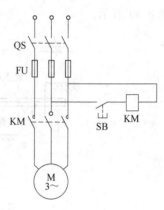

　　工作原理:先将 QS 闭合,接通三相电源,按下按钮 SB,接触器线圈 KM 通电,KM 三对主触头吸合,电动机 M 的电源接通,启动运转。当电动机需要停转时只要松开启动按钮 SB,使接触器的线圈 KM 断电,接触器的主触点 KM 断开,就能使电动机 M 失电停转。

　　(2)自锁控制

　　电路工作分析:自锁控制线路如图 8-33 所示,合上电源开关 QS,接通三相电源。按下启动按钮 SB_1,KM 线圈通电,其常开主触头 KM 闭合,电动机 M 接通电源启动。同时,与启动按钮并联的 KM 常开触头也闭合。当松开 SB_1 时,KM 线圈通过其自身常开辅助触头继续保持通电状态,从而保证了电动机连续运转。当需要电动机停止运

图 8-32　点动控制线路

转时,可按下停止按钮 SB_2,切断 KM 线圈电源,KM 常开主触头与辅助触头均断开,从而切断电动机的电源和控制电路,使电动机停止运转。

　　这种依靠接触器自身辅助触头保持线圈通电的电路,称为自锁电路,辅助常开触头称为自锁触头。

　　上述控制电路中,熔断器 FU_1 实现短路保护,热继电器 FR 实现过载保护,励磁线圈实现欠压(失压)保护等。

　　(3)正反转控制

　　在实际工作中,生产机械常常需要运动部件实现正反两个方向的运动,如机床工作台的前进和后退,铣床主轴的正反转等。由电动机原理可知,三相交流电动机可通过改变定子绕组的相序来改变电动机的旋转方向。因此,借助于接触器来实现三相电源相序的改变,即可实现电动机的正反转控制。其控制电路如图 8-34 所示。

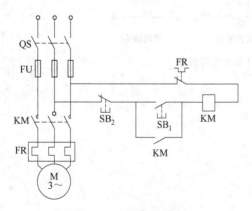

图 8-33　自锁控制线路

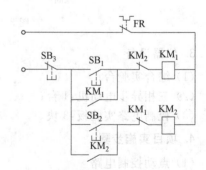

图 8-34　带电气互锁的正反转控制电路

电路工作分析如下。

① 正转：按下 SB$_1$，正转接触器 KM$_1$ 线圈通电并自锁，主触头 KM$_1$ 闭合，接通正序电源，电动机 M 正转。

② 停止：按下停止按钮 SB$_3$，KM$_1$ 线圈断电，电动机停止。

③ 反转：按下 SB$_2$，反转接触器 KM$_2$ 线圈通电并自锁，主触头 KM$_2$ 闭合，使电动机定子绕组电源相序与正转时相序相反，电动机 M 反转运行。

将接触器 KM$_1$ 的辅助常闭触点串入 KM$_2$ 的线圈回路中，从而保证在 KM$_1$ 线圈通电时 KM$_2$ 线圈回路总是断开的；将接触器 KM$_2$ 的辅助常闭触头串入 KM$_1$ 的线圈回路中，从而保证在 KM$_2$ 线圈通电时 KM$_1$ 线圈回路总是断开的。这样接触器的辅助常闭触头 KM$_1$ 和 KM$_2$ 保证了两个接触器线圈不能同时通电，这种控制方式称为互锁，这两个辅助常开触头称为互锁触头。

同时具有电气互锁和机械互锁的正反转控制电路如图 8-35 所示。

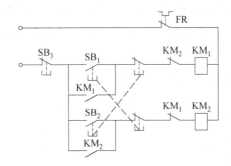

图 8-35　带电气互锁和机械互锁的正反转控制电路图

采用复式按钮，将 SB$_1$ 按钮的常闭触头串接在 KM$_2$ 的线圈电路中；将 SB$_2$ 的常闭触点串接在 KM$_1$ 的线圈电路中。这样，无论何时，只要按下反转启动按钮，就能在 KM$_2$ 线圈通电之前首先使 KM$_1$ 断电，从而保证 KM$_1$ 和 KM$_2$ 不能同时通电；从反转到正转的情况也是一样。这种由机械按钮实现的互锁也叫机械互锁或按钮互锁。

具体步骤如下。

(1) 识读与分析三相异步电动机的电气原理图。

(2) 根据电气原理图绘制电气安装接线图。

(3) 检查各电器元件。

(4) 固定各电器元件，安装接线。

(5) 用万用表检查控制线路是否正确，并检查工艺是否美观。

(6) 经教师检查后，通电调试。

注意事项如下。

(1) 检查主要电路。用万用表 $R \times 100\Omega$ 挡，切除辅助电路，检查各相通路和换向通路。

(2) 检查辅助电路。切除主电路，将万用表笔放在 0、1 端子上，做以下几项检查。

① 检查启动和停机控制。分别按下 SB$_1$、SB$_2$，应测得 KM$_1$、KM$_2$ 线圈的电阻值；在操作 SB$_1$ 和 SB$_2$ 的同时按下 SB$_3$，万用表应显示电路由通而断。

②　检查自锁线路。分别按下 KM_1、KM_2 的触点架,应测得 KM_1、KM_2 线圈的电阻值;如果同时按下 SB_3,万用表应显示电路由通而断。如果发现异常,则重点检查接触器自锁触点上、下端子连线。这里容易将 KM_1 自锁线错接到 KM_2 的自锁触点上;将动断触点用作自锁触点等,应根据异常现象进行分析、检查。

③　检查按钮互锁。按下 SB_1 测得 KM_1 线圈的电阻值后,再同时按下 SB_2,万用表应显示电路由通而断;同样先按下 SB_2 再同时按下 SB_1,也应测得电路由通而断。发现异常时,应重点检查按钮盒内 SB_1、SB_2 和 SB_3 之间的连线,检查按钮盒引出护套线与接线端子板 XT 的联接是否正确,发现错误应及时更正。

④　检查辅助触头互锁线路。按下 KM_1 触点架测得 KM_1 电阻值后,同时按下 KM_2 触点架,万用表应显示电路由通而断;同样先按下 KM_2 触点架,再同时按下 KM_1 触点架,也应测得电路由通而断。如果发现异常,应重点检查接触器动断触点与相反转向接触器线圈之间的连线。

常见的错误接线是:将动合触点错当互锁触点;将接触器的互锁线错接到同一接触器的线圈端子上等。应对照电气原理图、安装接线图认真核查并排除错接故障。

＊5. 项目拓展

设计并实施 Y-△ 换接启动控制,线路如图 8-36 所示。

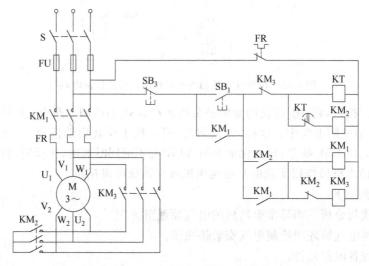

图 8-36　Y-△换接启动控制电路图

工作过程:按下启动按钮 SB_1,时间继电器 KT 和接触器 KM_2 同时通电吸合,KM_2 的常开主触点闭合,把定子绕组联接成星形,其常开辅助触点闭合,接通接触器 KM_1。KM_1 的常开主触点闭合,将定子接入电源,电动机在星形联接下启动。KM_1 的一对常开辅助触点闭合,进行自锁。经一定延时后,KT 的常闭触头断开,KM_2 断电复位,接触器 KM_3 通电吸合。KM_3 的常开主触头将定子绕组接成三角形,使电动机在额定电压下正常运行。与按钮 SB_1 串联的 KM_3 的常闭辅助触头的作用是:当电动机正常运行时,该常闭触头断开,切断 KT、KM_2 的通路,即使误按 SB_1,KT 和 KM_2 也不会通电,保证了电路正常运行。若要停机,则按下停止按钮 SB$_3$,接触器 KM$_1$、KM$_2$ 同时断电释放,电动机脱离电源停止转动。

6. 项目问题总结

(1) 电路中自锁点起什么作用?

(2) 什么叫零压保护? 零压保护如何实现?

(3) 热继电器的整定值调节的原则是什么?

(4) 电路中具有哪些保护环节?

(5) 接触器互锁的作用是什么?

(6) 为什么要采用双重互锁?

(7) 如果采用按钮或接触器互锁,各有哪些弊端?

8.8　实践项目 12:两室两厅照明电路设计及安装

1. 项目目的

最终目标:掌握家庭实用电路的设计及安装。

促成目标:

(1) 学会导线的布线与联接,能正确安装开关;

(2) 学会灯具的悬吊和嵌顶及壁灯的安装;

(3) 学会荧光灯的安装。

2. 相关知识

(1) 导线的联接

导线不够长时,需要联接新的导线以增加长度。导线联接时,要求接点牢固,不增加接触电阻,确保电流畅通。

导线联接要求如下。

① 一般场合,联接导线的芯线要采用焊接或套管联接。当导线截面较小时,可采用胶接、缠接的联接方式。

② 剥除导线绝缘层时,若导线截面积不超过 4mm^2,一般用钢丝钳或剥线钳剥除;当导线截面积大于 4mm^2 时,可用电工刀剥除,塑料软导线用钢丝钳或剥线钳剥除,塑料护套线则用电工刀剥除。用电工刀剥除导线绝缘层的方法如图 8-37 所示。

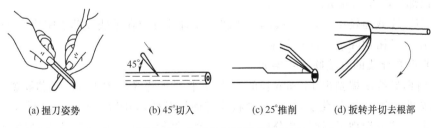

| (a) 握刀姿势 | (b) 45°切入 | (c) 25°推削 | (d) 扳转并切去根部 |

图 8-37　电工刀剥除导线绝缘层

③ 剥除导线绝缘层时不得损伤线芯,若损伤了线芯,则应重新剥削。

④ 导线联接好后,必须恢复绝缘。

单股铜芯导线的直接联接步骤如下。

如图 8-38 所示,将导线线头剥出一定长度的线芯,清除线芯表面的氧化层,再按图示操作。图 8-38(a)所示为将两根线芯成 X 形的相交;图 8-38(b)所示为将相交成 X 形的两根线芯相互交合 2~3 圈;图 8-38(c)所示为扳直两线芯线端,并将扳直的两线头分别向两端紧贴,另一根芯线缠绕 6 圈;图 8-38(d)所示为导线联接完毕,切除余下线头并钳平线头末端。

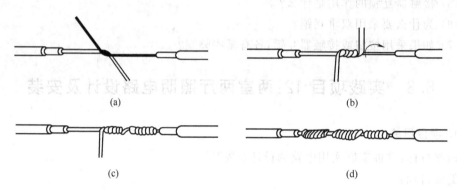

(a)　　　　　　(b)

(c)　　　　　　(d)

图 8-38　单股铜芯导线的直接联接

单股铜芯导线的 T 形分支联接步骤如下。

单股铜芯导线的 T 形分支联接如图 8-39 所示。

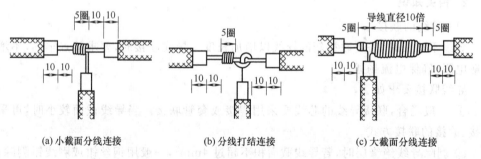

(a) 小截面分线连接　　　(b) 分线打结连接　　　(c) 大截面分线连接

图 8-39　单股铜芯导线的 T 形分支联接

① 先将剥削好的支线线芯头(截面积较小的)与干线线芯(截面积较大的)垂直相交,使支线根部留出 3~5mm。

② 当支线截面较小时,将支线端部线芯按顺时针方向在干线线芯上密绕 6~8 圈。

③ 用钢丝钳切除余下的线芯末端。

七股铜芯导线的直接联接步骤如下。

① 将两导线线端剥出 150mm 长的线芯,并将靠近绝缘层约 1/3 的线芯绞紧,线芯其余部分散开拉直,去除氧化层,把两只伞状线芯逐根对插,如图 8-40(a)、(b)所示。

② 将线芯两端理平,把线芯分成 2、2、3 三组,把第 1 组 2 根线芯拉直,如图 8-40(c)所示。按顺时针方向密绕 2 圈后扳平余下线芯,如图 8-40(d)所示,再将第 2 组的两根线

芯扳垂直,如图 8-40(e)所示。

③ 用第 2 组线芯压住第 1 组余下线芯,按顺时针方向密绕 2 圈并向右扳平余下线芯。再将剩余第 3 组的 3 根线芯扳垂直,如图 8-40(f)所示。

④ 将这 3 根线芯密绕 3 圈,切除余下线芯,钳平余下线端,如图 8-40(g)所示。

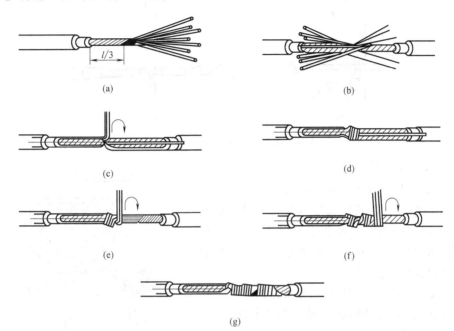

图 8-40 七股铜芯导线的直接联接

七股铜芯导线的 T 形分支联接步骤如下。

① 剥除七股铜芯导线的绝缘层,绞紧支线靠近绝缘层 1/8 处的线芯,敞开其余部分,清除表面氧化层,如图 8-41(a)所示。

② 把支线分成 4 根和 3 根两组排齐,将 4 根组插入干线线芯中间,如图 8-41(b)所示。

③ 把 3 根组线芯在干线线芯上按顺时针方向密绕 4~5 圈,切除余下线芯并钳平线头末端。

④ 再用 4 根组线芯在干线另一侧按顺时针方向密绕 3~4 圈,切除余下线芯并钳平线头末端,如图 8-41(c)、(d)所示,即完成七股铜芯导线的 T 形分支联接。

(2) 悬吊式安装

这种安装方式分为吊线式(软线吊灯)、吊链式和吊管式。

① 吊线式:灯具重量在 1kg 以下,直接由软线承重,软线应绝缘良好,且不得有接头。由于吊线盒内接线螺钉的承重力较小,因此安装时应在吊线盒内打好结,使线结卡在盒盖的线孔处,如图 8-42 所示。

② 吊链式:吊链灯的安装方法与吊线灯相同,但悬挂重量由吊链承担。吊链下端固定在灯具上,上端固定在吊线盒内或挂钩上,软导线应编在吊链内。

③ 吊管式:当灯具重量超过 3kg 时,可采用钢管来悬吊灯具。悬吊应选用薄壁钢管,其内径不应小于 10mm。

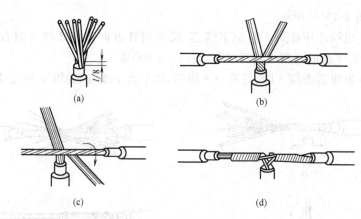

l/8
(a)
(b)
(c)
(d)

图 8-41 七股铜芯导线的 T 形分支联接

(3) 嵌顶式安装

嵌顶式安装分为吸顶式和嵌入式。

① 吸顶式:吸顶式是通过木台将灯具安装在屋顶上。在空心楼板上安装木台时,可用弓形板来固定,如图 8-43 所示。弓形板适用于护套线直接穿楼板孔的敷线方式。

② 嵌入式:嵌入式适用于有吊顶的室内。在制作吊顶时根据灯具的嵌入尺寸预留孔洞,安装灯具时,将其嵌装在吊顶上。

结扣

图 8-42 导线结扣做法

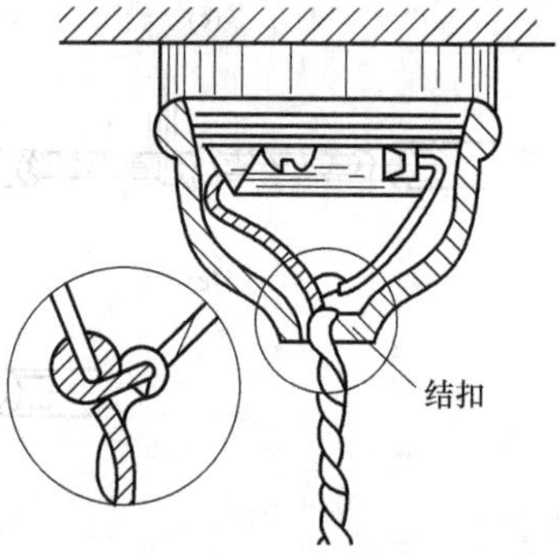

(4) 壁灯安装

壁灯既可装在墙上,也可装在柱子上。装在砖墙上时,应在砌墙时预埋木砖或金属构件,安装灯具时将塑料(木头)圆台或方台固定在木砖或金属构件上。壁灯装在柱子上时,应在柱子上预埋金属构件或者用抱箍将金属构件固定在柱子上,然后将壁灯直接装在金属构件上,如图 8-44 所示。

20
20
20
2
32
螺栓
圆木
(a) 弓形板位置
(b) 弓形板(厚钢板)
(c) 安装圆木做法

图 8-43 用弓形板安装木台示意图

(5) 荧光灯的安装

① 准备灯架:根据荧光灯管长度,购置或制作与之配套的灯架。

② 组装灯具:将匹配的镇流器、启辉器、灯座和灯管安装在铁制或木制灯架上。参考

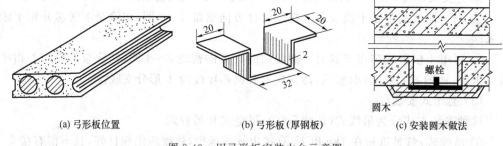

实践项目 7 的图 5-28 接线。

③ 固定灯架:固定灯架的方式有吸顶式和悬吊式两种。悬吊式又分为金属链条悬吊和钢管悬吊两种。

④ 通电试用。

（6）低压断路器介绍

低压断路器(自动空气开关)主要用来控制局部照明线路或对电路的某些部分作通断控制,其工作原理如图 8-45 所示。断路器在电路发生过载、短路及失压、欠压时,均能自动分断电路,起保护作用。主要用来控制局部照明线路低压断路器的三副主触头串联在被保护的三相主电路中,由于搭钩钩住弹簧,使主触头保持闭合状态。当线路

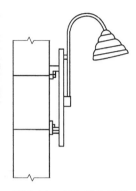

图 8-44 在柱子上安装壁灯示意图

正常工作时,电磁脱扣器中的线圈所产生的吸力不能将它的衔铁吸合。如果线路发生短路,电磁脱扣器的线圈吸力增大,将衔铁吸合,并撞击杠杆把搭钩顶上去,在弹簧作用下切断主触头,实现了短路保护。当线路电压下降或失压时,欠电压脱扣器的吸力减小或失去吸力,衔铁释放,在弹簧拉力下撞击杠杆,把搭钩顶开切断主触头,实现了欠电压保护。热脱扣器利用双金属片受热弯曲的作用,在过载时顶开搭钩,实现了过载保护。低压断电器的外形如图 8-46 所示。

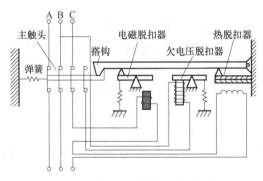

图 8-45 低压断路器的工作原理图

图 8-46 低压断路器实物图

3. 电路设计

电路的功能分析:两室两厅电路有多种要求,它需要根据家用电器的多少与照明电路的需要进行供配电的设计,本项目要求只对照明部分电路进行设计与安装,功能要求如下。

（1）本电路应有过载、短路、失压和欠压保护功能,用低压断路器即可。

（2）用一总开关控制所有负载。

（3）用感应开关、触摸开关、单联开关和双联开关分别控制各种灯具。

（4）灯具有白炽灯、节能灯、荧光灯和 LED 灯。

（5）灯具安装形式有悬吊式、嵌入式和吸顶式等。

两室两厅电路的实际接线如图 8-47 所示。

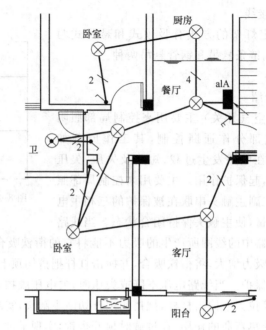

图 8-47　两室两厅实际照明电路图

4. 项目实施步骤

（1）根据实际照明电路图和电路的功能分析选择元器件和导线。

（2）根据实训现场的条件情况，确定采用实际布线还是板面布线，能够安装出美观且符合要求的照明电路。

① 布局：根据电路图，确定各器件的安装位置，做到符合要求、布局合理、结构紧凑、控制方便、美观大方。

② 固定器件：排列整齐，先对角固定，再两边固定，要求可靠、稳固。

③ 布线：从上至下、从左至右、先串联后并联；横平竖直、转弯成直角，少交叉、多根线并拢平行走，"左零右火"。

④ 接线：接头牢固，无露铜、反圈、压胶，绝缘性能好，外形美观。红色线接电源火线（L），黑色线接零线（N），黄绿双色线专作地线（PE）；火线过开关，零线一般不进照明开关底盒。

（3）检查电路：用肉眼观察电路，看有没有多余的线头，检查每条线是否严格按要求来接，每条线有没有接错位，开关有无接错等。

（4）通电调试：送电由电源端开始往负载依次顺序送电，停电操作顺序相反。操作各功能开关时，若不符合要求，应立即停电。

习　题　8

8-1　有一台四极三相异步电动机，电源频率为 50Hz，带负载运行时的转差率为 0.03，求同步转速和实际转速。

8-2　有一台三相异步电动机，其额定转速为 975r/min。试求工频情况下，电动机的磁极对数和电动机的额定转差率。

8-3　有一 Y225M-4 型三相异步电动机,其额定数据如表 8-1 所示。试求:(1)额定电流;(2)额定转差率 s_N;(3)额定转矩 T_N、最大转矩 T_{max} 和启动转矩 T_{st}。

8-1　Y225M-4 型三相异步电动机的参数

功率	转速	电压	效率	功率因数	I_{st}/I_N	T_{st}/T_N	T_{max}/T_N
45kW	1480r/min	380V	92.3%	0.88	7.0	1.9	2.2

8-4　试根据表 8-2 求 Y160L-4 型电动机的:(1)启动电流 I_{st};(2)额定转差率 s_N;(3)额定转矩 T_N、最大转矩 T_{max} 和启动转矩 T_{st}。

表 8-2　Y160L-4 型电动机的参数

功率	转速	电流	效率	功率因数	I_{st}/I_N	T_{st}/T_N	T_{max}/T_N
15kW	1460r/min	30.3A	88.5%	0.85	7.0	2.0	2.2

8-5　Y180-6 型异步电动机的额定功率为 15kW,额定转速为 970r/min,额定频率为 50Hz,最大转矩为 295N·m,试求电动机的过载系数。

测　验　8

1. 在相同的线电压作用下,同一台三相异步电动机为星形联接所消耗的功率是三角形联接所消耗功率的(　　)倍。

　　A. $\sqrt{3}$　　　　　　B. 3　　　　　　C. 1/3　　　　　　D. $1/\sqrt{3}$

2. 改变三相异步电动机的旋转磁场方向就可以使电动机(　　)。

　　A. 停速　　　　　　B. 减速　　　　　　C. 反转　　　　　　D. 降压启动

3. 三相异步电动机处于电动状态运行时其转差率 s 为(　　)。

　　A. $n=0$;$s=1$　　B. $0<s<1$　　C. $0.004\sim0.007$　　D. $0.04\sim0.07$

4. 三相异步电动机的机械特性曲线是(　　)。

　　A. $T=f(s)$　　　B. $T=f(n)$　　　C. $u=f(I)$　　　D. $u=f(n)$

5. 三相异步电动机电源接通后电机不能启动,造成故障的可能原因是(　　)。

　　A. 电源电压过高或过低　　　　　B. 转子不平衡

　　C. 鼠笼式电动机转子断条　　　　D. 定子绕组接线错误

6. 三相异步电动机在空载时其转差率 s 为(　　)。

　　A. 1　　　　　　　B. $0<s<1$　　　C. $0.004\sim0.007$　　D. $0.01\sim0.07$

7. 对绕线式异步电动机而言,一般利用(　　)方法对其调速。

　　A. 改变电源频率　　　　　　　　B. 改变磁极对数

　　C. 改变转子电路中的电阻　　　　D. 改变转差率

8. 三相鼠笼式异步电动机用自耦变压器 70% 的抽头降压启动时,电动机的启动转矩是全压启动转矩的(　　)。

    A. 36%   B. 49%   C. 70%   D. 100%

9. 在三相异步电动机的正反转控制电路中,正转用接触器 KM$_1$ 和反转用接触器 KM$_2$ 之间的互锁作用是由(   )联接方法实现的。

    A. KM$_1$ 线圈与 KM$_2$ 常闭辅助触头串联,KM$_2$ 线圈与 KM$_1$ 常闭辅助触头串联

    B. KM$_1$ 线圈与 KM$_2$ 常开辅助触头串联,KM$_2$ 线圈与 KM$_1$ 常开辅助触头串联

    C. KM$_1$ 线圈与 KM$_1$ 常闭辅助触头串联,KM$_2$ 线圈与 KM$_2$ 常闭辅助触头串联

    D. KM$_1$ 线圈与 KM$_1$ 常开辅助触头串联,KM$_2$ 线圈与 KM$_2$ 常开辅助触头串联

10. 在三相交流异步电动机定子绕组中通入三相对称交流电,则在定子与转子的空气隙间产生的磁场是(   )。

    A. 恒定磁场   B. 脉动磁场   C. 合成磁场为零   D. 旋转磁场

11. 三相异步电动机反接制动时,采用对称制电阻接法,在限制制动转矩的同时,也限制了(   )。

    A. 制动电流   B. 启动电流   C. 制动电压   D. 启动电压

12. 三相绕线转子异步电动机的调速控制采用(   )方法。

    A. 改变电源频率

    B. 改变定子绕组磁极对数

    C. 转子回路串联频敏变阻器

    D. 转子回路串联可调电阻

13. 在三相交流异步电动机的定子上布置有(   )三相绕组。

    A. 结构相同,空间位置互差 90°电角度

    B. 结构相同,空间位置互差 120°电角度

    C. 结构不同,空间位置互差 180°电角度

    D. 结构不同,空间位置互差 120°电角度

14. 三相鼠笼式异步电动机直接启动时电流过大,一般可达额定电流的(   )倍。

    A. 2~3   B. 3~4   C. 4~7   D. 10

15. 异步电动机不希望空载或轻载的主要原因是(   )。

    A. 功率因数低   B. 定子电流较大

    C. 转速太高有危险   D. 转子电流较大

16. 反接制动时,使旋转磁场反向转动,与电动机的转动方向(   )。

    A. 相反   B. 相同   C. 不变   D. 垂直

17. 三相异步电动机采用 Y-△降压启动时,启动转矩是△接法全压启动时的(   )倍。

    A. $\sqrt{3}$ B. $1/\sqrt{3}$ C. $\sqrt{3}/2$ D. $1/3$

18. 适用于电机容量较大且不允许频繁启动的降压启动方法是(   )。

    A. 星-三角   B. 自耦变压器   C. 定子串电阻   D. 延边三角形

19. 三相异步电动机变极调速的方法一般只适用于(   )。

    A. 鼠笼式异步电动机   B. 绕线式异步电动机

    C. 同步电动机   D. 滑差电动机

20. 三相异步电动机的正反转控制关键是改变(   )。

    A. 电源电压   B. 电源相序   C. 电源电流   D. 负载大小

21. 三相异步电动机制动的方法一般有(   )大类。

　　A. 2　　　　　　　B. 3　　　　　　　C. 4　　　　　　　D. 5

22. 三相异步电动机采用能耗制动时,电动机处于(　　)状态。

　　A. 电动　　　　　B. 发电　　　　　C. 启动　　　　　D. 调速

23. 三相异步电动机定子各相绕组的电源引出线应彼此相隔(　　)电角度。

　　A. 60°　　　　　B. 90°　　　　　C. 120°　　　　　D. 180°

24. 三相异步电动机采用能耗制动,切断电源后,应将电动机(　　)。

　　A. 转子回路串电阻　　　　　　　B. 定子绕组两相绕组反接

　　C. 转子绕组进行反接　　　　　　D. 定子绕组送入直流电

25. 反接制动时,旋转磁场与转子相对的运动速度很大,致使定子绕组中的电流一般为额定电流的(　　)倍左右。

　　A. 5　　　　　　　B. 7　　　　　　　C. 10　　　　　　D. 15

26. 异步电动机采用启动补偿器启动时,其三相定子绕组的接法(　　)。

　　A. 只能采用三角形接法

　　B. 只能采用星形接法

　　C. 只能采用星形-三角接法

　　D. 三角形接法及星形接法都可以

习题与测验参考答案

习 题 1

1-1　(a) 6V；(b) 8V；(c) −8V

1-2　(a) 非关联参考方向 3A；(b) 非关联参考方向 −2.5A；(c) 关联参考方向 −2A

1-3　(1) $U_{ad}=20V$；$U_{db}=−13V$；(2) $U'_a=7V$；$U'_c=−8V$；$U'_d=−13V$
　　　$U'_{ad}=20V$；$U'_{db}=−13V$

1-4　(a) 关联参考方向 −15W，发出功率 ；(b) 非关联参考方向 −8W，发出功率；(c) 非关联参考方向 32W，吸收功率

1-5　(1) $U_S=110V$；$R_0=0.55Ω$；(2) 5%；$I_{SC}=200A$

测 验 1

1. D　2. C　3. A　4. B　5. C　6. D　7. C　8. D　9. D　10. D

习 题 2

2-1　$I=2A$

2-2　(略)

* 2-3　(1) $U_1=2V$；(2) $R=3.33Ω$

2-4　$I=1.5A$

2-5　$I=6A$

* 2-6　$I=3.875A$

2-7 $U=16\mathrm{V};P=13.5\mathrm{W}$

* 2-8 $I=10\mathrm{A}$

* 2-9 $I=-4\mathrm{A}$

2-10 当 $U_\mathrm{S}=0,I_\mathrm{S}=2\mathrm{A}$ 时,$U=\dfrac{2}{3}\mathrm{V}$;当 $I_\mathrm{S}=0,U_\mathrm{S}=2\mathrm{A}$ 时,$U=\dfrac{4}{3}\mathrm{V}$

2-11 $I=-0.588\mathrm{A}$

* 2-12 $U_\mathrm{oc}=4\mathrm{V};R_0=8\Omega$

2-13 $I=3\mathrm{A}$

* 2-14 $U=30+6I$

* 2-15 $R_\mathrm{in}=-6\Omega$

* 2-16 $K=3$

* 2-17 $P=22\mathrm{W}$

* 2-18 $P=9\mathrm{W}$

* 2-19 $I=-15.7\mathrm{A}$

* 2-20 $I=2.069\mathrm{A}$

* 2-21 $I_\mathrm{SC}=10\mathrm{A};R_0=3\Omega$

* 2-22 $R_\mathrm{in}=(2+R_2)\dfrac{R_1}{R_1+R_2}$

2-23 (略)

2-24 $I=-7.4\mathrm{A}$

测 验 2

1. A 2. A 3. A 4. A 5. D 6. B 7. D 8. A 9. C *10. D 11. A 12. B *13. B 14. C 15. A 16. D 17. B

习 题 3

3-1 $U_\mathrm{S}=1\mathrm{V}$

3-2 $I_3=-1/2\mathrm{A};U=7\mathrm{V}$

3-3 $I_1=-0.074\mathrm{A};I_2=0.114\mathrm{A};I_3=-0.188\mathrm{A}$

3-4 $U_1=28\mathrm{V};U_2=16\mathrm{V};U_3=36\mathrm{V}$

3-5 $I=4\mathrm{A}$

3-6 $I_1=-1.43\mathrm{A};I_2=0.571\mathrm{A}$

3-7 $U_\mathrm{A}=1.2\mathrm{V};I=0$

3-8 $I_1=-5\mathrm{A};U_x=-4\mathrm{V}$

3-9 $U_1=10\mathrm{V}$

3-10 $I_1=0.667\mathrm{A};I_2=-1\mathrm{A}$

3-11 $-R_1I_1+R_1I_2=U_\mathrm{S}-U;-R_2I_1+(R_2+R_4)I_3=U;I_3-I_2=I_\mathrm{S}$

3-12　$\left(1+\dfrac{1}{3}+\dfrac{1}{4}\right)U_1-\left(\dfrac{1}{3}+\dfrac{1}{4}\right)U_2=4I_x-I+\dfrac{5}{3}$

$-\left(\dfrac{1}{3}+\dfrac{1}{4}\right)U_1+\left(\dfrac{1}{2}+\dfrac{1}{3}+\dfrac{1}{4}\right)U_2=-6+I-\dfrac{5}{3}$

$I_x=\dfrac{U_2}{2};U_y=-5+U_1-U_2;U_1-U_2=5U_y$

3-13　$I_x=-3.88\text{A};I_y=0.51\text{A}$

测　验　3

1. A　2. C　3. B　4. D　5. A　6. C　7. C　8. A　9. A　10. A　11. B　12. B
13. B　14. B

习　题　4

4-1　(1) $\dot I_1=\dfrac{5\sqrt 2}{2}\underline{/0°}\text{A},\dot I_2=5\sqrt 2\underline{/60°}\text{A}$;(2) $\dot I=9.35\underline{/40.9°}\text{A},i=9.35\sqrt 2\sin(\omega t+40.9°)\text{A}$

4-2　$i=10\sin\left(40\pi t+\dfrac{\pi}{6}\right)\text{A}$

4-3　(1) $X_L=628\Omega$;(2) $\dot I_{Lm}=\dfrac{1}{2}\underline{/-150°}\text{A},i_L=0.5\sin(314t-150°)\text{A}$;

(3) $Q_L=UI=I^2X_L=\left(\dfrac{1}{2\sqrt 2}\right)^2\times628=78.5(\text{Var})$

4-4　(1) $\dot I=0.377\underline{/-59°}\text{A};\dot U_R=113\underline{/-59°}\text{V}$;(2) $P=42.6\text{W};S=83\text{V}\cdot\text{A}$;

$Q=71.2\text{Var};\cos\varphi=0.51$

4-5　$i=\sin(100t+45°)\text{A};u_R=100\sin(100t+45°)\text{V};u_C=100\sin(100t-45°)$

4-6　(1) $i=\sin(10^6\omega t-45°)\text{mA};u_R=5\sin(10^6\omega t-45°)\text{V};u_C=\sin(10^6\omega t-135°)\text{V}$

$u_L=6\sin(10^6\omega t+45°)\text{V}$

(2) $Z=10.12\underline{/-60.4°}\text{k}\Omega;\varphi_z>0$,电路呈容性

4-7　(1) $n=500$ 盏;(2) $I=91\text{A}$;$C=2280\mu\text{F}$;(3) $\Delta n=500$ 盏

4-8　$\dot U_1=120\underline{/-60°}\text{V};\dot I_2=\sqrt 2\underline{/-15°}\text{A}$

* 4-9　$\dot U=80\underline{/-90°}\text{V};\dot I_L=4\sqrt 2\underline{/45°}\text{A};\dot I_R=4\underline{/0°}\text{A};P=32\text{W};\lambda=0.707$

* 4-10　$\omega=\dfrac{1}{\sqrt{LC}}=100\text{rad/s};u=10\sqrt 2\sin(100t-90°)\text{V}$

* 4-11　$i_L=\sin(\omega t+45°)\text{A}$

* 4-12　(1) $\dot I_1=35.4\underline{/-45°}\text{A};\dot I_2=35.4\underline{/45°}\text{A};\dot I=50\underline{/0°}\text{A}$;

(2) $P=5000\text{W};Q=UI\sin\varphi=0$

* 4-13　$Z_L=2\sqrt 2\underline{/-45°}\text{k}\Omega;P_{max}=4.41\text{mW}$

测 验 4

1. A 2. D 3. C 4. D 5. C 6. C 7. A 8. B 9. B 10. B 11. A 12. C
13. A 14. A 15. C 16. C 17. B 18. C 19. B 20. A 21. C 22. C 23. A
24. A 25. B 26. C 27. C 28. A 29. C 30. A 31. B 32. D 33. C

习 题 5

5-1 (1) $f_0 = 640 \text{kHz}$;(2) $Q = 75.8$;(3) $Z_0 = R = 16\Omega$

5-2 $R = 15.7\Omega$;$L = 0.1\text{H}$;$C = 1.01\mu\text{F}$

5-3 (1) $Q = 100$;(2) $L = 50\text{mH}$;$R = 10\Omega$

5-4 $L = 5.85 \times 10^{-4}\text{H}$;$R = 17\Omega$

5-5 (1) 第一种接法为顺向串联,a,c 为同名端;(2) $M = 0.036\text{H}$

5-6 $f_0 = 3183\text{Hz}$;$Z_0 = R = 100\Omega$

5-7 顺接串联时 $\omega_0 = 1000\text{rad/s}$;$Q = 33.33$
     反接串联时 $\omega_0 = 2236\text{rad/s}$;$Q = 14.9$

测 验 5

1. B 2. B 3. D 4. A 5. D 6. C 7. A 8. A 9. D 10. D 11. B 12. D
13. B 14. C

习 题 6

6-1 $\dot{I}_U = 44\underline{/-45°}\text{A}$;$\dot{I}_V = 44\underline{/-165°}\text{A}$;$\dot{I}_W = 44\underline{/-75°}\text{A}$

6-2 (1) $\dot{I}_U = 44\underline{/0°}\text{A}$;$\dot{I}_V = 22\underline{/-120°}\text{A}$;$\dot{I}_W = 11\underline{/120°}\text{A}$

   (2) U 相断开时,V、W 项均不变

   (3) U 相和中性线均断开时,V 相和 W 相串联接在线电压上。则 $I = 12.7\text{A}$;$U_W = 254\text{V}$;$U_V = 127\text{V}$

   (4) U 相负载短路,中性线断开时,V 相和 W 相均接在线电压上 $I_V = 38\text{A}$;$I_W = 19\text{A}$

6-3 (1) $I_1 = 34.6\text{A}$;(2) $P = 4.24\text{kW}$;$Q = 4.24\text{kVar}$;$S = 6\text{kV} \cdot \text{A}$

6-4 (1) $\dot{I}_A = 1\underline{/-60°}\text{A}$;$\dot{I}_B = 1\underline{/-180°}\text{A}$;$\dot{I}_C = 1\underline{/60°}\text{A}$;

   (2) $\dot{U}_{AN} = 190\underline{/-30°}\text{V}$;$\dot{U}_{CN} = 190\underline{/150°}\text{V}$;$\dot{I}_A = 0.866\underline{/-90°}\text{A}$

6-5 $\dot{U}_{AB} = 440\underline{/-0°}\text{V}$;$\dot{U}_{BC} = 220\underline{/-120°}\text{V}$;$\dot{U}_{CA} = 380\underline{/-150°}\text{V}$

6-6 C 灯较亮,但两灯均过载

6-7　(1) $I_1=4\mathrm{A},U_1=346\mathrm{V}$;(2) $P=1584\mathrm{W}$

6-8　(1) $\dot{I}_\mathrm{A}=65.8\underline{/-36.9°}\mathrm{A}$;(2) $P=34.65\mathrm{kW}$

测　验　6

1. B　2. A　3. C　4. D　5. B　6. C　7. D　8. D　9. B　10. B　11. C　12. B
13. D　14. C　15. A　16. B　17. C　18. B　19. A　20. A　21. B　22. B　23. D
24. D　25. C　26. C

习　题　7

7-1　$N_2=75$;$n=7.3$

7-2　$I_1=0.27\mathrm{A}$;$I_2=1.67\mathrm{A}$

7-3　$n=10$

7-4　$n=5$;$P_{\max}=0.125\mathrm{W}$

7-5　$R_\mathrm{L}=150\Omega$

7-6　$I_1=8.33\mathrm{A}$;$I_2=114\mathrm{A}$

7-7　(1) $|Z'_\mathrm{L}|=110\Omega$;(2) $P_2=440\mathrm{W}$

测　验　7

1. B　2. B　3. C　4. D　5. B　6. C　7. C　8. B　9. A　10. A

习　题　8

8-1　$n_0=1500\mathrm{r/min}$;$n=1455\mathrm{r/min}$

8-2　$p=3$;$s_\mathrm{N}=0.025$

8-3　(1) $I_\mathrm{N}=118.4\mathrm{A}$;(2) $s_\mathrm{N}=0.0133$;(3) $T_\mathrm{N}=290.4\mathrm{N\cdot m}$,$T_{\max}=638.9\mathrm{N\cdot m}$,$T_{\mathrm{st}}=$
551.8N·m

8-4　(1) $I_{\mathrm{st}}=212.1\mathrm{A}$;(2) $s_\mathrm{N}=0.0267$;(3) $T_\mathrm{N}=98.1\mathrm{N\cdot m}$;$T_{\max}=216\mathrm{N\cdot m}$;$T_{\mathrm{st}}=196\mathrm{N\cdot m}$

8-5　$T_\mathrm{N}=147.7\mathrm{N\cdot m}$;$\lambda=2.0$

测　验　8

1. C　2. C　3. B　4. B　5. D　6. C　7. C　8. B　9. A　10. D　11. A　12. D
13. B　14. C　15. A　16. A　17. D　18. B　19. A　20. B　21. A　22. B　23. C
24. D　25. C　26. D

参 考 文 献

[1] 江泽佳.电路原理[M].北京:人民教育出版社,1982.

[2] 余大光.电工基础(修订版)[M].北京:高等教育出版社,1984.

[3] 周长源.电路理论基础[M].北京:高等教育出版社,1985.

[4] 谭思鼎.电工基础[M].北京:高等教育出版社,1988.

[5] 丘关源.电路[M].北京:高等教育出版社,1988.

[6] 蔡元宇.电路及磁路[M].北京:高等教育出版社,1993.

[7] 胡翔骏.电路基础[M].北京:高等教育出版社,1995.

[8] 江缉光.电路原理[M].北京:清华大学出版社,1997.

[9] 秦曾煌.电工学[M].5版.北京:高等教育出版社,1999.

[10] 王慧玲.电路基础[M].北京:高等教育出版社,2004.

[11] 曹建林.电工学[M].北京:高等教育出版社,2004.

[12] 林育兹.电工电子学[M].北京:电子工业出版社,2005.

[13] 刘蕴陶.电工电子技术[M].北京:高等教育出版社,2005.

[14] 周新云.电工技术[M].北京:科学出版社,2005.

[15] 王文槿.电工技术[M].北京:高等教育出版社,2005.

[16] 刘国林.电工电子技术教程与实训[M].北京:清华大学出版社,2006.